天下文化
BELIEVE IN READING

IT'S ALL YOUR FAULT AT WORK

Managing Narcissists and Other High-Conflict People

別等到被欺負了才懂這些事

第一時間就做好衝突管理

比爾・艾迪 Bill Eddy、喬姬・蒂斯達夫諾 L. Georgi DiStefano 著

王怡棻 譯

推薦序

管好衝突，事半功倍

童至祥

在職場這麼多年，我認為如何和高衝突人士共事，應該是很多人都覺得頭痛的問題。

尤其中國人在儒家思想的薰陶下，往往認為「溫、良、恭、儉、讓」才是正道，碰到難纏不講理又死不認錯的上司、同事甚至屬下，真是令人痛苦萬分；而遇到這一類型的人，該戰、該逃，或是按兵不動，好像都不是最好的選擇，如今終於有一本專書，針對這個人際衝突的難題，提供已經驗證且確實有效的方法，讓我們學習能夠更聰明的駕馭這類難以相處的人。

年輕時，我也曾碰到難搞的上司，當時的我還不太成熟，很不能理解這麼不講道理的人，怎麼能當上老闆？甚至差點為此憤而辭職。後來我發現，這就是他的人格特質，他並不是針對我個人，只要我們把焦點放在共同關注的目標，他甚至可以幫我排除萬難、有效達成目標。

我也曾遇過好幾個極有能力，但對其他團隊成員極具破壞力的同事。如何讓他們發揮戰鬥力，而又不干擾他人情緒？我發現正如書中提到的，「建立規則，設定界線」，確實是很有效的辦法。

今日的商業環境充滿了挑戰，變化速度愈來愈快，日新月異，適應力成了每個職場工作者必備的基本能力。不論你的角色是職員或主管，都必須不斷訓練自己的軟實力，例如同理心、傾聽、溝通、提問等技巧，而建立可以與各類不同的人打交道的能力，更顯得格外重要！

衝突無所不在，對付出許多時間心力在職場上打拚的我們來說，相信這本書有它無可取代的價值。

（作者為特力集團執行長）

推薦序

想通這些事，阻力變助力

萬惡的人力資源主管

工作，大概是主宰現代人生活最重要的元素之一。有前景的公司、優渥的薪資、令人稱羨的福利、有擔當的主管、好相處的同事……差不多是每一個上班族終其一生都在努力追求（雖然常常不可得）的目標。

但就算是再好的工作，我們都還是難免遇到衝突。我們的上司、同事、顧客或是部屬，可能在我們的認知裡就屬於「難搞」的典範。他們自戀、缺乏自知之明、總是檢討別人而不反省自己、對事情有非黑即白的極端標準、用戲劇化的方式誇大別人的錯誤……更糟的是，他們當中很多人並不自覺這是個問題，甚至連他們身邊的其他人也不認為這有什麼大不了。我們甚至可能聽聞過，某些企業的高階主管也有類似的行徑，卻被視為是有才華的象徵。

結果，當我們在面對這些人，往往感覺到焦慮、挫折、沮喪、生氣或狼狽。我自己從事人力資源工作多年，遇過許多不同階層、不同職位的員工，因為試圖「逃離」一直欺負他的人，而不得不離開其實很不錯的公司。

那麼該怎麼辦呢？

我差不多只花了一個晚上再多一點點的時間，就讀完這本書。書中提到了很多觀點很重要，而且很有趣。

比方說，你不需要期望對方徹底改變和你之間的關係，只要能把衝突情況改善一〇%，也許就足以讓你減輕壓力，並強化你的應對能力。

又比方說，你不需要認為對方是針對你或是你的行為，也許從頭到尾他只是需要找麻煩，不管當時那個人是誰，或是不管當時你做了什麼。

再比方說，你應該把重點放在建設性的提案，而非無謂的回應和爭辯。

而最讓我內心不由得呼喊「哇！真的太中肯了！」的建議是：你可能沒有辦法也無法指望改變對方的行為，你只需訂下界限，讓他不再找你麻煩就行了。

書中提出了「搭起橋梁、分析選項、有效回應、設立界限」（CARS）的簡單步驟，在不同的情境中，透過練習，每個讀者都可以學會這個解決衝突的有效辦法。衝突管理一直是企業經理以及所有人很重要的一堂課，學會了這些技巧之後，你將有機會可以好好面對並管理衝突，也讓自己在工作上或是在生活中，都能過得更好。

（作者為「萬惡的人力資源主管」部落格版主）

推薦序

在工作上，我們有免於恐懼不安的自由

洪雪珍

一月某個低溫晚上，我的簽書會來了許多上班族，那晚談的主題是「職場委屈」。現場反應熱烈，根本欲罷不能。結尾時，一名剛畢業三年的年輕女孩拿書來給我簽名，在我的耳邊輕輕的說：

「前一個工作，有些人對我的方式讓我得了憂鬱症，希望新工作好一點。」

人太多了，不方便說什麼，我握握她的手，表示懂得她心裡的恐懼不安，她再輕輕的說：

「我會努力再試試看的。」

那個晚上，大家討論最多的是另一名女生Ann提出的問題，她新到一家公司，本來滿心歡喜，想要大展身手一番，卻意外遇上這本書講的高衝突型同事Maggie（化名），在公司任職逾四十年，是第一代老闆打下江山的得力助手，可是隨著公司規模擴大、第二代老闆上任，重要性日低，低到只是一個打雜型的角色，薪水也不高，但她從未讓人輕忽她的存在。

打從Ann報到的第一天起，Maggie早中晚各叫她一次到跟前叨念，指她這裡或那裡沒做好，起初Ann以為Maggie熱心助人，很高興有前輩領著進門，可是時間久了，Ann發現不對勁，每天照三餐罵人是Maggie的正常作息，之前已逼走九名員工，Ann也經常感到憤怒與焦慮，心情難以平靜，無法專心工作，便去請小老闆出面處理，沒想到小老闆說：

「對於Maggie，只有大老闆（我爸爸）可以解決。」

Ann只得再去敲七十歲大老闆的門，大老闆的態度更是虛弱無力，他說自己無法不仁不義，請一名任勞任怨四十年的員工離職，這是非常沒面子的事，因此他要Ann同情Maggie年事已大，多多禮讓。雖然Ann喜歡這份工作，薪水也不錯，掙扎再三的結果，還是選擇離職。

一名慣員工，逼走十名好員工，連兩代老闆都感到棘手，不知道如何處理，使得同事都活在她囂張跋扈、行為乖張、無禮謾罵的陰影底下，是不是很令人不可思議？Ann這個故事，引起在座其他人普遍的共鳴，他們紛紛表示：

「我也碰過，這種人的人格充滿毀滅性，即使破壞同事間的情誼、摔破鐵飯碗也不在乎……」

「我的經驗更恐怖，不跟你熱戰，而在背後排擠、打壓你、扯你後腿……」

「這種人不少，特別是主管，我每天都要受到各種言語暴力、人身攻擊，覺得自己一無是處，是個廢物……」

在過去，當我們遇見這樣的老闆、主管或同事，會誤以為對方只是一時情緒不佳，而安慰自己，對方總有心情轉好的一天。可是在讀了這本書之後，可以很確定的將這些人歸類於高衝突人格，一定要起身處理，因為這些狀況不會在我們一味隱忍下無緣無故消失，也會為自己帶來各種後遺症。

說到底，這就是職場霸凌，遺憾的是很少人知道該如何面對，以及有效處理的標準做法。

本書兩位作者的個人經歷獨特，尤其艾迪做過執業律師、調解人，也在精神專科醫院擔任過心理師，後來更創辦「高衝突研究機構」，將高衝突人士分成八大類，並建立CARS衝突管理法，用來處理職場衝突、鄰里紛爭、家庭糾紛等。我自己看完書之後，不僅對職場諸多不合理現象豁然開朗，更加明白發生原因，也學會處理之道，相信在日後管理上將更能得心應手。

懂得處理高衝突人士，對企業來說，是個責無旁貸的責任，可以創造一個免於恐懼與焦慮的工作環境，讓員工專心工作，留住好人才。

（作者為yes123求職網資深副總經理）

推薦序

保護自己、善待他人的關鍵技術

謝文憲

工作二十七年來，遇見過形形色色的人，這件事最讓我印象深刻。

二〇〇一年，我剛到外商服務第八個月，一場手機大廠的火災，讓整個公司與內外部、上下游全都動起來。

除了服務精神與表達慰問外，身為主要設備供應商的角色就是幫助顧客快速復原，盡快再度投入生產。然而因為各方覬覦火災復原背後的龐大商機，其中的角力戰，十七年後我仍印象深刻。

我方：澳洲老闆、維修工廠、維修校正團隊和我

友方：我方硬體銷售部門、公司台灣高層、公司亞洲高層

敵方Ａ：硬體競爭廠商

敵方Ｂ：維修校正新加坡廠商

非友好方：公證公司、保險公司

自身利益考量方：火災受災戶

我就在這六方當中周旋三個月，順利取得我方與友方的最大利益，以及自身利益考量方的最大滿意，除了獲得當年度亞洲服務品質白金獎的殊榮外，更奠定我在外商公司第一年的重大里程碑。

其間所用的技術不外乎：談判協商技巧、衝突管理技巧、人際關係技巧、溝通斡旋與交涉技巧、簡報技巧、問題分析與決策技巧、業務技巧、關鍵顧客管理技巧等，然而我印象最深刻的，就是面對敵我雙方短兵相接極度衝突時，如何不疾不徐、理直氣和，最後再加上心理學的洞察技術，不僅讓自己全身而退，而且可以「拿我該拿，避我該避」，掌握進退藝術，獲得極佳成績。

學習此類技巧無非讓自己在商業場合更如魚得水，但也絕非處處想贏，留一條路讓市場的餅可以做大，讓敵方可以喘氣，或是讓友方有利可圖，是我自己五十歲才體會的道理。

你或許會問：「我不從事業務工作，也要學衝突管理嗎？」

談判協商與衝突管理技巧並不僅限於商業場合使用，生活周遭與職業生涯幾乎隨處可見。衝突無所不在，可能來自上司、下屬、同事或顧客，是現今職場人士最困擾也最常遇到的問題。

學習衝突管理，最終的目的無外乎是學習如何保護自己、家人朋友，進而善待他人的關鍵技術與藝術。

無論生活與職場，其間的關鍵技術，我在這本書上都看到了。作者用了四個心理學的技巧，輔以八大高衝突人士的典型，寫出這本衝突管理的大作，對我而言非常受用。

各位親愛的朋友，別等被欺負了才懂這些事，我誠摯推薦本書。

（作者為知名講師、作家、主持人）

目錄

第一部

你能駕馭的衝突愈多，機會愈多

1 你可以更處之泰然與領導有方

人生少不了衝突，在職場上，衝突更是無所不在，有帶著強烈情緒的「熱衝突」，也有壓抑情緒的「冷衝突」，要是處理不當，都可能帶來毀滅性後果。

不論是一時事情出錯、績效結果不佳，或是涉及個人資源分配不公、部門之間紛爭，還是組織長短期利益矛盾，在開創和解的第三選擇之前，要先處理的往往是人的問題，尤其是與衝突有關的個人深層情緒面向。

然而，你會拿起這本書，顯然你已經發現，有些人不僅經常口不擇言、難以理喻，還很容易讓你壓力大、情緒差。尤其在社交網路時代，衝突形式各式各樣，怒火延燒速度超乎你的想像。是時候該學習新的衝突管理智慧了。

衝突根源，是你缺乏與這個人應對的方法

「都是你的錯！」

有沒有覺得這句話似曾相識？有高衝突人格傾向的人，往往是抱怨大王，而且死不認錯，不論何時何地，都能指責別人。他們責怪親近熟悉的自己人，也批評素昧平生的陌生人。如果你完全不設防，他們也有可能把錯算在你頭上！

這不是你的想像，如今，愈來愈多人有高衝突人格傾向。衝突無所不在，而且數量正急速增加——高衝突型顧客會對你咆哮，還會在網路上對你猛攻；高衝突型同事無時不在爭功諉過，給你亂貼罪名標籤；高衝突型上司看到部屬焦慮或生病就一臉不耐煩，覺得這些人只會浪費公司的錢（沒有產值、拉低其他人士氣，還要為他們支付高額健保費）；高衝突型老闆更可能一不小心就做出傷害整個公司的行為，而這家公司卻是你付出青春換取收入、成就感與退休金的地方。

面對職場上與生活中的大小衝突、形形色色的高衝突人格，以及他們散布的各種有毒情緒，你該如何聰明應對？

你需要更精準有效的方法來辨識他們的行為模式，這本書能幫助你；更重要的，你可以運用我們的CARS方法，在第一時間就做好衝突管理：

- **搭起橋梁**（Connect with EAR Statements）：要讓有情緒的人冷靜下來，最忌諱讓對方覺得「他們說的，你都沒在聽」；搭起溝通橋梁的訣竅是，不反駁、不反對，但也不照單全收。記住，你需要傾聽，但不必一直聽下去，否則他們會講不停。
- **分析選項**（Analyze Options）：思考解決方法時，最忌諱陷入認為「明明自己沒錯，就該理直氣壯」的執拗迴圈；分析最佳選項的訣竅是，接受「小贏一〇%就好」，要智取不執拗，再依當時情況，歸納出你的最佳選項。記住，平常就要練習，才能臨危不亂。
- **有效回應**（Respond to Hostility or Misinformation）：回應攻擊時，最忌諱「節外生枝，再次激怒對方」；回應敵意或錯誤訊息的訣竅是，回應簡短、訊息充分、態度友善、立場堅定。記住，你也可以用新提案取代直接回應，不翻舊帳，重點放未來，可有效解除對方的防禦心態。

- **設立界限**（Set Limits on Misbehavior）：解決衝突時，最忌諱企圖「完全制勝」；對不當行為設立界限的訣竅是，建立規則，並明確提出違法後果，不要指望完全控制他們，能有效抑制他們的行為不再越界侵犯你就好。請記住，改變他們的行為動機，才有長效。

其實，就算你不確定對方是否有高衝突人格，只要遇上難纏的人，這個衝突管理法通常都能派上用場。

為什麼這些人容易讓你情緒差？

不論你是誰，只要需要與人互動，這些有高衝突人格傾向或人格障礙的人，就有可能在你猝不及防時，讓你的工作與生活痛苦萬分。這些人不僅行為極端，他們引發衝突的行為往往一再出現。他們並非碰巧犯錯，或是一時心情不好才表現脫序，他們從很早以前就這樣，未來也會這麼做。

我們把這些人統稱為高衝突人士（high-conflict people）。他們不只難纏，還是世界上最難相處的人，他們通常有以下行為特徵：

- **愛指責與抱怨他人。**
- **思考模式非黑即白。**
- **有毒情緒隨意發洩。**
- **行為極端讓人抓狂。**

除了死不認錯，他們**毫無自知之明**，對自己的行為以及帶給別人的困擾，完全不自覺，當然也沒想過要改變自己，甚至會變本加厲，讓周遭的人愈來愈難忍受。此外，他們其實**很善於給人洗腦**，喜歡不斷說服他人，眼前過錯「絕對不是他們有問題」，而是別人造成的，他們也絕對不是麻煩的人，製造麻煩的是別人，甚至可能「都是你的錯」。是的，你很可能成為高衝突人士歸咎的目標，如果你完全不設防。當有人如此對待你，你必須起身應對，因為他們的行為模式不會無緣無故消失，你必須採取行動來捍衛自己。

有些衝突只是一時的，你要嘛贏他、要嘛避開就沒事了；但有許多衝突，如果沒應對好，卻會一再傷害你、阻礙你。這本書就是要幫助你，聰明應對這些你難以逃避的衝突與高衝突人士。

在各種類型的高衝突人士中，當今最常見的要算是自戀型了。自戀狂潮已隨著新一代的教養方式，以及新興的媒體、網路社群，衝擊各個世代。自戀型高衝突人士常自以為是、以自我為中心，亟欲告訴別人自己有多完美。他們喜歡指責他人，抓到一個問題就猛攻，刻意表現出比別人優越的樣子，他們從中得到快感，對此感到得意。他們也很善於運用情緒武器來操控人，或是以公開指責方式來羞辱對方。這種種作為，除了想要證明他們有多優秀（至少他們自以為很優秀），也常是為了掩飾他們不想讓人看見的短處與錯誤。

一旦遇上高衝突人士，不論對方是自戀型或其他類型（後面章節會詳述），或只是很難纏的人，如果你不知如何應對，都可能讓你感到焦慮、挫折、憤怒與狼狽，內心情緒翻騰，久久難以平靜，甚至為此失眠。

面對高衝突人士的挑釁，一般人的反應要不是戰就是逃，更多時候則是不知所措。然而，我們「戰或逃」的本能反應，遇上高衝突人士，往往是火上加油，只會讓事情更糟。**有問題，卻無方法解決，能不焦慮嗎？**是時候該學習最高段的衝突管理了。

學習做個聰明人

這本書就是要幫助你從容應對這些無所不在的衝突。你會發現，這些總是給人壓力、讓人焦慮的人，他們的行為往往有模式可循，只要仔細觀察，就可以看出來。學會辨識這些行為警訊，你就能採取因應策略，見招拆招了。

他們的行為模式大都反映出一種或兩種以上的高衝突人格，一旦你發現或只是懷疑對方是高衝突人士，就能先發制人，有效駕馭衝突，進而達到良性互動。

我們從二十多年來的衝突調節經驗，研究出一套結合心理學與行為科學，可有效駕馭高衝突的CARS模式（第五章將闡釋說明），這套方法能讓高衝突人士或任何難纏的人冷靜下來，幫助你將焦點轉移到解決問題上。

CARS衝突管理法並不複雜，但由於與你的直覺不符，需要你刻意練習。我們在書中還加入十幾個案例，以故事形式來說明如何運用四個簡單技巧或步驟，化解各種形式的衝突。有關高衝突人士的八種典型（尤其是其中五大類型），以及你的應對策略，後面章節將詳述。

多年來，我們已將這套方法成功運用在各種工作場合，甚至是法律爭議上。衝突無所不在，不論在何處、與誰互動，CARS模式都可幫助你。

我們在職場與法律爭議上，與各類型的高衝突人士交手已超過二十年。艾迪是執業律師與資深調解專家，也是一位心理師。他結合自己在心理、調停與法律上的專業經驗，發展出一套高衝突人格應對理論（HCP Theory）；他對法律專業人士闡釋這套理論已有二十多年，也對職場人士提供衝突調節諮詢與訓練多年。蒂斯達夫諾曾在聖地牙哥州立大學社工系任教，在社工領域有超過二十年經驗，曾指導好幾項改善精神健康與藥物濫用的大型計畫與員工協助方案（Employee Assistance Program，簡稱EAP；企業為了照顧員工及提升生產力所提供的支援服務，可發現、追蹤及協助員工解決可能會影響到工作績效表現的個人問題），並擔任大型醫院緊急事件團隊協調人，她也是極受歡迎的職場衝突調解顧問。

我們經常受邀到企業、政府機構、大專院校，對經理人、各行各業的專業人士，或即將踏入職場的社會新鮮人，舉辦研討會並提供諮詢，幫助他們了解什麼是高衝突人格，以及如何運用CARS的四個技巧化解各種衝突。這是我們第一本完整解說CARS衝突管理法如何應用在職場的書。我們將說明這個方法如何運用在各種情況與不同人身上。

在這個充滿衝突與焦慮的時代，你要如何做個聰明人？最重要的，掌握好兩件事：了解什麼該做、什麼不該做！在這之前，必須先來看看在我們身邊，誰是高衝突人士？

2

誰是高衝突人士？

想想周遭有誰常表現出前面描述的四大行為特徵，他們可能表現得很強烈，也可能很隱晦。高衝突人士有多種類型，一般人通常無法在第一時間發現。你心裡想到的那個人，打從一開始就是高衝突人士嗎？或是在工作上成功後，行為表現變成另一種人？有時候，你以為情緒失控的那個人是高衝突人格，但他可能只是被真正的高衝突人士給激怒了；有時候，你以為對方是個態度謙和的人，但在某些情況下，他的行為卻完全出乎你意料。

有個辨識原則是，有高衝突人格的人一旦遇上問題，往往不像一般人會設法解決、互相讓步或談判協調。他們會變得充滿敵意，開始責怪人，卻又沒有解決方案，與他們有關的任何爭議，總是愈滾愈大，牽扯愈來愈多，讓周遭的人忙得團團轉。這樣的描述跟你心中想的那個人很像嗎？

他們是這樣思考、感受與行動的

高衝突人士時常與周遭的人起衝突，而且衝突不只發生在職場，也常出現在家庭與社區。這是他們慣常的行為模式，也是人格特質的一部分。他們就是這樣思考、感受與行動的，只看見別人的錯誤，對自己的作為卻不自覺，就像心裡有座高牆，使他們無法看到自己的問題。

當衝突發生時，問題本身通常不是最大問題，他們的性格才是，除了前面描述的行為表徵，他們還有以下潛在人格特質：

沒有自知之明又拒絕妥協：即便上次已失敗，或讓情況更糟，卻仍然不斷重複同樣的做法。

總把別人當壞人，卻從不反省自己：他們的人生充滿了跟憤怒、窘迫、恐懼或嫉妒有關的課題；然而，他們無法體認，是自己錯誤的思考模式與言行一再導致問題發生，或讓問題加劇。

欠缺同理心，又規避責任：他們無法設身處地為別人著想，或是從他人的觀點看事情。一遇到狀況，高衝突人士會把火力全用在怪罪別人，不去想建設性的解決方案，既不願對問題負責，也不認為自己有問題；既不想改變自己，也逃避找出解決方案的責任。

他們指責的對象可以是任何人，通常是剛好走到他的炮口之下、毫無戒備的人。周遭的人搞不清楚狀況，常以為爭議焦點是被指責對象的作為或不作為，但實情並非如此，爭議是因高衝突人士而起。

高衝突人士會不斷尋找指責對象，因為指責別人讓他們自我感覺良好，覺得更有安全感也更強大。然而，這種舒適感持續不久，沒過多久，他們又會陷入低潮，開始找人歸咎。這些行為模式往往是不自覺的，他們沒有察覺到這些行為的負面影響，也難以把眼光放遠。你最好不要試圖提醒他們自身的問題，否則他們會讓你的日子很難過。

善於結交盟友：儘管他們表現得很強悍，甚至充滿攻擊性，內心卻常感到脆弱無助，只要找到機會或有人願意聆聽，他們就會開始為了爭取同情而跟你交心告白，或大肆抱怨自己有多辛苦，而那個誰又有多可惡。他們總是不斷尋找能跟他們站在同一邊的盟友，他們的盟友可以是任何人，而這些搞不清楚狀況，或（尤其是）工作上依賴他們的人往往會力挺他們，包容他們不斷與人衝突的行為。

有些盟友並不完全了解這些高衝突人士，只因他們展現出憤怒、受傷、悲傷等情緒，於是情感上受到他們牽引；也有些是在工作上必須仰賴他們，於是策略性選擇默許或力挺他們的不當作為。

這些盟友有時也是高衝突人格，但通常是一般人，因情緒有感染力，而衝突情緒的感染力更強，使他們為高衝突人士挺身而出，站出來助攻指責他人，他們的助攻常會引發眾人注意，尤其當他們在職場上擁有良好信譽時，效果更顯著。

喜歡展現魅力：高衝突人士可能平時表現出迷人睿智，又樂於助人，但遇到麻煩就變了樣。可能是刻意或本能，他們喜歡向人強調自己有多麼講理。他們可能看起來一點也不愛衝突，至少一開始是如此，但一旦遇上麻煩，真面目就露出來了，他們表現出的強烈情緒與極端的想法與行為，常讓身邊的人大吃一驚。

不接受失敗或損失：在他們眼中，再小的讓步都是對自我形象的重大打擊。

高衝突人士常用的攻擊行為，包括不合作（有時是消極抵制）；對人粗魯無禮；散布謠言；故意扭曲你的意思；刻意挑剔刁難，讓人無所適從；讓下屬對你不信任；挑撥離間，讓混亂加劇；在公開場合做人身攻擊；肢體騷擾或性騷擾；提起無意義的控訴；祭出威脅（暴力或非暴力），或實際採用暴力。

這些行為往往會激怒被他們指責的人，這也是為什麼外人常誤把被指責對象當做高衝突人士，而沒注意到真正引發衝突的人做了什麼。因此，遇上這些人，你該採取的是CARS方法去應對，而非直接表露情緒跟他們對槓，因為這麼做只會反而讓你看起來像個高衝突人士。

面對衝突，每個人的處理方式都不同。正常人遇上困難時，一般反應是趕緊想辦法解決問題；但高衝突人士卻往往出現火爆反應或冷漠以對，他們的反應源

於內在性格，而非當時狀況，他們不願正視問題，以極端行為隱藏自己的短處，因此讓人覺得有壓力或十分焦慮。（參見圖一）

你的本能反應，像是執拗於對方為何這樣對你、直接提出反駁，或情緒失控等等，都只會讓情況更糟。我們的CARS應對衝突法則可幫助你辨識高衝突人士，並建立應對策略。

這五種人最容易引發衝突

以下是職場衝突中，最常見的五種人格類型。我們會在後面章節中為每種行為模式加上案例，讓你更容易了解為什麼這些人不斷與任何組織的上司、下屬、同儕或顧客發生衝突。

圖1 正常人 vs. 高衝突人士

正常反應 ←→ **高衝突人格**

當陷入困境時，面對問題並有效解決

- 忙工作，不斷調適與承擔更多
- 忙生活，努力讓溝溝坎坎變坦然
- 忙學習，刻意練習新技能
- 面對意外，學習不對結果耿耿於懷

高衝突人士的行為模式

- 死板不知變通
- 無法自我反省
- 沒有同理心
- 指責他人
- 推卸責任
- 遽下結論
- 防禦心態
- 無法接受批評
- 要求特別待遇
- 不斷自導自演
- 喜好指使他人
- 容易發怒

最常見的人格障礙類型

- 自戀型人格
- 偏執型人格
- 邊緣型人格
- 反社會型人格
- 戲劇型人格

自戀型高衝突人士

他們傲慢自大、目空一切，總是試圖讓自己看起來無比重要，又高人一等。他們不斷尋求別人的稱讚與美言，如果得不到，內心就會非常憤怒。他們總是頤指氣使、傲慢無禮，喜歡貶低周遭的人。如果他們覺得被侮辱或不被尊重（即使實際上並沒有），就會無比氣惱、怨恨，甚至想暴力相向。

當他們覺得軟弱或低人一等時，會開始說別人的壞話或散布謠言來重新獲得控制感。他們對人有差別待遇，喜歡把一些人視為上等人，其他人則是下等人。他們對「下等人」態度鄙夷、毫無禮貌；對「上等人」則態度殷勤、極力討好。對人不是捧上天，就是踩下地。

他們渴望擁有控制別人的權力，一開始可能會讓人覺得是個充滿魅力又有說服力的小組領導人，但當別人對他們有大量要求，他們很快就會失控崩潰。狀況嚴重的人會有「自戀型人格障礙」（narcissistic personality disorder），潛意識裡害怕自己被比下去或是低人一等。

邊緣型高衝突人士

他們的情緒往往如雲霄飛車般大幅起伏，前一分鐘還友善親暱，後一分鐘就怒氣沖沖的指責他人。他們最擔心的就是被排擠，當覺得被排擠（即使實情並非如此），就會變得憤怒、怨恨，性情劇變，讓人措手不及。為了避免被排擠或是懲罰那些排擠自己的人，他們會竭盡所能操控他人，有時會說謊、自欺欺人並散播謠言。

他們常將人分為兩類，要不是「大好人」，就是「大壞人」，對待兩者的態度也截然不同。有時，根本不需要特別理由，原本的密友也可能突然變成可恨的敵人。情況嚴重的會有「邊緣型人格障礙」（borderline personality disorder），極度擔心自己被在乎的人拋棄。

偏執型高衝突人士

他們的典型特徵是極度擔心、懷疑別人想操控他們。在工作上，常幻想別人在密謀陷害他們，或是把他們踢出公司。他們總是疑神疑鬼，認為親近他們的人有其他意圖，遲早會背叛他們。

有時為了避免遭受出乎意料的攻擊（即便根本沒人打算這麼做），他們會先下手為強，以言語或肢體攻擊他人。情況最嚴重的，會有「偏執型人格障礙」（paranoid personality disorder），時時擔心被親近的人背叛。

反社會型高衝突人士

這類型的人是最危險也是最冷漠的，喜歡看別人受苦，樂於掌控支配一切。他們對所有的規則不屑一顧，只在乎自己想要的，為了目的不擇手段。他們慣於說謊，從不悔悟；熱中操控人，卻也會極力讓他人相信自己是受害者，而非惡行的主犯。

他們把人分成強者與弱者，而且認為這些人理當得到相應的待遇。在他們眼中，以暴力報復或是造成他人痛苦，是正當的行為。情況最嚴重的，會有反社會型人格障礙（antisocial personality disorder）。一個經典例子就是影集「紙牌屋」裡的法蘭克·安德伍德。這類型的人內心最深的恐懼，是被人宰制。

戲劇型高衝突人士

擁有這類人格特質的人往往個性強烈，喜歡誇大其詞。他們會向人抱怨自己是某事件的受害者，而且不斷複述（可能是自己幻想的）誇張細節。他們渴望注意力，害怕被忽略。

他們仰賴別人幫忙解決自己的問題，傾向把事實與情緒無限誇大。不論他們是顧客或員工，都會耗費你許多時間與心力，因為他們常常對尋常問題大驚小怪。情況最嚴重的，會有「戲劇型人格障礙」（histrionic personality disorder），極度擔心自己被忽略。

值得注意的是，就像許多難纏的人不一定就有高衝突人格，有自戀型、邊緣型、偏執型、反社會型或戲劇型人格障礙者，也並非都是高衝突人士，因為他們有些人並不會把全副精力用來指責別人，而是有其他人格特徵。

現在，你對這五種高衝突人士已略有了解了，可能躍躍欲試想找出你生命中有哪些人有這些人格傾向，甚至想試著改變他們，或讓他們遠離你。但勸你最好不要這樣想。高衝突人士往往拒絕改變，這麼做只會觸怒他們，還是別讓他們知道你是這麼看他們的；你的真性情，還是留給對的人吧。

想改善你與高衝突人士的關係，請把重點放在如何應對他們的行為。我們會在後面章節告訴你怎麼做。

3

三招避免掉入衝突漩渦

面對衝突，你把自己氣成那樣又有什麼用呢？

你可以更處之泰然、更領導有方，只要善用我們的RAD法則切中關鍵：首先辨認（Recognize）可能的高衝突型人格模式，接著據此調整（Adapt）你的方法，最後用CARS模式來傳達（Deliver）回應。

這個步驟很重要，因為高衝突人士的思考是衝突導向，處理不當的話，很可能強化他們的衝突思考；一旦陷入了衝突漩渦，就更難讓他們冷靜下來，把重點放在解決問題上了。

改變你的回應，改變你們的關係

了解高衝突人士的思考過程（見圖二），有助於你了解為何要避免直接給予他們否定的回應（即使你當下強烈覺得應該這麼做），也能讓你更清楚為什麼在回應他們可能很過分的行為時，運用CARS四大技巧管理衝突非常重要。

衝突思考一：錯估情勢

高衝突人士的內心常苦海翻騰，不僅如此，他們還錯把這些內在情緒當成實際的外在危險。

第二章提到的五種人格類型，心中都充滿了某種恐懼：被視為次等人（自戀型）；被排擠（邊緣型）；被背叛（偏執型）；被宰制（反社會型）；被忽略（戲劇型）。有這些人格特質的人常以下列方式，不自覺的扭曲周遭的人與事：思考方式極端，想法非黑即白；遽下結論；感情用事；對人不對事；誇大恐懼；臆測他人想法；目光短淺；常常癡心妄想。

圖2 **高衝突人士的思考漩渦**

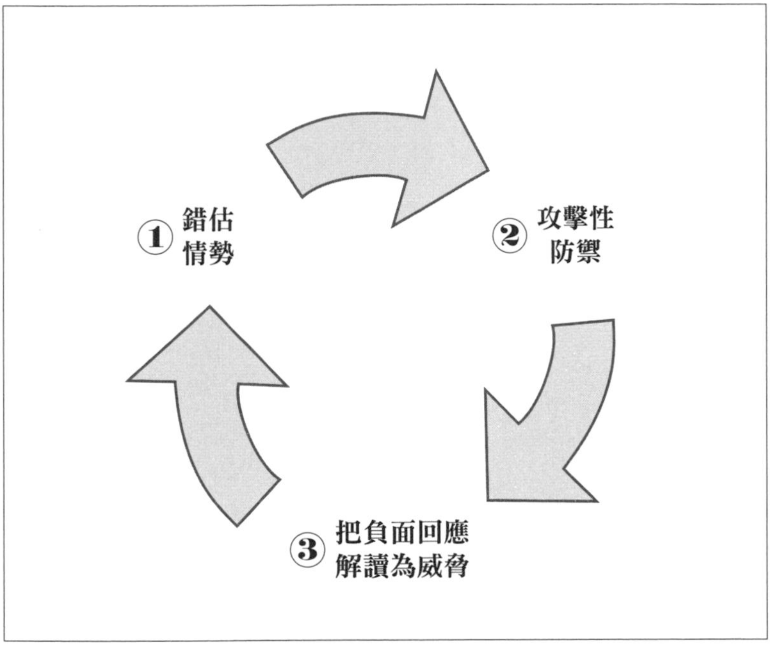

長期恐懼與扭曲想法形成的內心小劇場，讓他們常常誤判情勢，一有狀況（或根本沒發生什麼事），卻反應激烈，表現出極端行為。

衝突思考二：攻擊性防禦

由於誤判情勢，讓高衝突人士對周遭的人充滿敵意，他們用言語、肢體、法律或財務壓力等方法，攻擊他們心中認定危險的源頭。若他們真的生活在危險之中，這些行為合情合理，但這些完全是以攻為守的攻擊性防禦。

與這些行為攸關的常見問題，包括思考上非黑即白與投射作用：

思考上非黑即白：高衝突人士常把人分為全然的好人（自己與盟友）與全然的壞人（敵人與非盟友），但他們對自己令人難以忍受的極端性格（優柔寡斷、情感脆弱、熱愛操控與說謊等），卻毫不自覺。當衝突發生時，總是把自己視為正義的一方，他們心裡的防禦機制也跟著自動啟動。

投射作用：高衝突人士把內心的扭曲想法，投射在別人身上，把自己的理解強加於人，對所有結果理所當然的用自己的想法來解釋，並認為自己是正確的，然後卯足全力攻擊他們認定的「壞人」。

不了解高衝突人士心理的人，往往會試著確認那些被指責對象有多糟糕，但問題根本不在那些人身上，而在於把人分類並進行攻擊的高衝突人士。

衝突思考三：把負面回應解讀為威脅

你的負面回應絕對會激怒高衝突人士，並讓上述過程愈演愈烈，因為他們把所有負面回應都解讀為威脅。當你的回應有以下特質時，等於是火上加油：對人不對事；帶有負面語氣；翻舊帳；夾帶攻擊性肢體語言。

研究顯示，即使是一般人也很厭惡翻舊帳。聽到這類回應言論會讓腦部原本活躍的邏輯思考中止，刺激「戰或逃」的壓力反應，無法促使改變，反倒會讓人抗拒改變。因此，請把焦點放在能促進解決問題的方法上，不要提油來救火。

不要翻舊帳，焦點放未來

把重點放在未來而非過去，有助於控制情勢，促使高衝突人士做出改變。我們將在下一章討論CARS應對衝突的四大技巧，就是建立在此原則。當然，有時或許不免需要陳述過往，但若你真的希望對方改善行為，並減少攻擊性防禦，把重點放在未來才是上策：

- 若把焦點放在過去，只會引發防衛心態，使對方更抗拒改變；想想要往前邁進的話，你現在應該怎麼做？
- 你的目標是什麼？就去做能幫助你達成目標的事。
- 讓團隊成員一起設定目標、設想未來可能面臨的問題，並共同想出解決辦法，這樣所有人都會更願意投入其中。
- 焦點放未來，雖然無法神奇的改變一個人或是保證有好結果，但能成就的會比其他方式要多。

• 思考如何一起往前進，是你調整回應方法的關鍵原則，可把你帶往未來，而非困在過去；這個過程讓你避免硬要人剝開傷疤，得到教訓，也有助你改變自己並控制你的反應，把重點放在怎麼做，而非試著改變人。

把重點放在你與這個人的關係上，而不是目前情勢衍生的結果。留心你與高衝突人士對話、回應的方式，讓對方感受到你的同理心，把對話導向合作。**當你把重點放在兩人關係，而不是對方應得的教訓，更能達到正面結果。**

日常生活中，若有人以充滿敵意的方式對你，你大不了不理他。但在職場上，高衝突人士如此惱人的原因在於，你可能根本躲不掉，很多時候你必須跟他正面交手，若沒處理好，他可能會一再傷害你、阻礙你，甚至讓你丟了工作。

我們常處在受壓抑的環境，不能簡單拋下一切，一走了之，在職場上尤其如此。我們每天花在跟上司、同事、客戶互動的時間，往往比陪伴家人的時間還多。因此，毫無意外的，高衝突人士的惱人行為，是職場上最常遇到，也是最痛苦的經驗。

知名民意調查公司佐格比（Zogby International）與美國職場霸凌學會所做的研究調查，有三五％的人表示曾在職場上被霸凌，另有一五％親眼見到霸凌發生在他人身上。在職場霸凌中，有六八％發生在同性之間，換句話說，男性傾向霸凌男性，而女性傾向霸凌女性。

一般人認為教育程度與霸凌經驗有關，其實兩者毫無關係。高衝突人士的指責目標，不論有沒有高學歷，都表示遭到類似程度的言語攻擊。老師、醫師、律師，甚至大學教授都表示曾被高衝突人士霸凌。

美國南加州大學一項研究顯示，每五名員工中，就有高達四人覺得在工作上不受尊重，且深信工作上的衝突正在惡化。調查也發現，大型企業主管每年平均要花七週的工作時間，調解職場上的大小紛爭。

如果你讀這本書，是為了把書中方法應用在職場上，那麼你很可能早就明白被指責、被攻擊時的挫折與羞辱。這個調查結果顯示，你並不孤單。職場上高衝突人士的霸凌與其他不當行為，發生頻率遠比大多數人想像的更高。你的同事與老闆從未公開討論這個問題，並不代表這種情況無關緊要或不傷人。相反的，隨著高衝突人士愈來愈多，衝突更加無所不在，職場上的每個人都必須學習更高段的衝突管理。

高衝突人士存在商業世界的各個階層，不要以為頂著知名商學院MBA學歷的老闆，表現的行為會比其他人好；也不要以為那個年輕的新進同事，就不會侵犯你。高衝突人士帶來的影響既深遠又廣泛，受害者很可能必須被迫換工作、中斷職涯，衍生出其他身心健康的問題。

本書深入解讀高衝突人格特質與行為模式，以及CARS的四個技巧在不同情境下的應用通則，是適用每個職場人士的人際關係參考用書。我們把重點放在當衝突發生時，你該做什麼以及不該做什麼，幫助你變得更有韌性，更能掌控情勢，在職場好好發揮自己的才能。

書中眾多案例來自我們的管理與顧問經驗（基於隱私，個案身分已修改），也有來自公眾人物的案例，以及我們為了彰顯關鍵原則而杜撰的故事。

能夠不斷調適，這樣的人最具優勢

我們的生存關鍵在於不斷的適應與調整。在職場跟高衝突型同事、主管和其他人交手，也是相同的道理。用全新的方式互動，不代表你過去有錯，一個有能力改變的人，往往比無法改變的人更有優勢。

藉著閱讀書中案例，學習與高衝突人士相處的技巧，你會更知道如何改變自己的行為，以妥善經營你與高衝突人士的關係，以及駕馭各種衝突。一旦你掌握其中要點，你會覺得自己更有能耐，而且有以下改變：

- 感覺不再受人操控。
- 感覺不再受困於負面情緒之中。
- 更加了解你生命中的那些高衝突人士。
- 在職場上更受人敬重，因自我控制力提高，可自信的處理各種難纏狀況，以及承擔更重要的責任，這些技巧對任何職場來說都是極重要的。

當你閱讀這本書，如果看到書中描寫的性格跟你有些相似，不要驚訝。我們每個人多少都有一些高衝突人格傾向。但高衝突人士與理性的人最大不同在於，理性的人會自我反省並努力改變，而高衝突人士因沒有自知之明，只會眼巴巴瞪著其他人，卻不願意做出任何改善。

前面提到的概念，值得在此重述一次：這本書是幫助你了解，在面對各種高衝突人士時該做什麼以及不該做什麼（後者同樣重要）。你雖然無法改變高衝突人士，但你可以藉著管理或改變自己的反應，來改善你們之間的關係。

熟練CARS四大心理技巧管理衝突，別等到有人來討戰，或被人欺負了，才懂這些人與那些事。

4

訓練自己擁有自信回應的氣場

真正在職場上成功的人，往往擁有較高的反省智力。他們不一定學得比別人快，或許也沒有比別人更強的專注力，但他們能在刻意反省之後，整合出更通透與深遠的見解，調整自己以適應變化。這正是高衝突人士最欠缺的，他們對自己的極端行為毫不自覺，也不善於反省。

我們不指望這本書可讓高衝突人士幡然悔悟，從此改變他們的待人處世之道；這本書是為你而寫的，幫助你擺脫那些令人不安的情緒耗竭，輕鬆駕馭工作與生活中的大小衝突，以及成功應對那些阻礙你生涯發展的各種高衝突人格。

熟練看情勢、斷人心

我們的CARS應對衝突法，正是用來應對高衝突人士的四種特質：

一旦出錯，都是別人的錯：不管是哪一型的高衝突人格，都非常善於責怪別人。一旦出錯，他們會備足彈藥猛攻他人，就算他們的錯誤明擺在眼前，也只是其他人太大驚小怪；對他們來說，解決問題不重要，有人歸咎就好了。他們不自覺的以扭曲角度看待周遭的人、問題以及整個世界，傾向誇大事情的負面或正面，如果對方不像他們想像中的那麼憂心或樂觀，就會跟人翻臉成仇敵。他們在客觀事情中，參雜主觀看法，聽起來可能頭頭是道，卻是極不理性的攻擊。高衝突人士常因情緒阻礙他們的邏輯思考能力，也扭曲了他們對別人的看法；他們對這些扭曲想法深信不疑，因此一旦出錯就很自然的把所有問題歸咎在別人身上。

不知變通，思考非黑即白：對於人際關係，高衝突人士要不是採取完全控制，就是完全排拒。他們把人分成「完全的好人」與「完全的壞人」。因此，他們的人際關係往往並不踏實，或是麻煩不斷。他們渴望安穩，但行為卻常常背道而馳，導致關係難以持續深入，還渾然不知是自己造成的。他們想在職場上擁有鞏固的人際關係，卻因為不會控制情緒，幾乎擺脫不了不安的人生。

愛翻舊帳，情緒極不受控：他們的反應總是充滿情緒，而且極愛翻舊帳。他們很難放大格局放眼未來，因為他們總是被自己情緒化的反應吞噬。高衝突人士一心一意想爭論究竟誰犯錯，而不是分析問題、找出解決方案，也有些高衝突人士不會表現出不悅，但內心會默想著如何雪恨或辯解。

行為極端，不願退一步想：當事情惡化，他們的行為會變得更加極端，他們不會退一步想或嘗試新方法。他們不認為自己的作為跟問題有關連，只想改變或責備別人。當行動失敗，又會變得沮喪、悲觀，衝突行為愈來愈激烈。

只要你用對方法，大多數的衝突都可輕鬆駕馭。你的反應可能激發他們最好或最壞的一面，所以請慎選你的回應。CARS衝突管理法就是設計來幫助你自信回應，讓高衝突人士冷靜下來，並往對你有利的方向調整行為。

右腦不理性，腦科學教你成功對話

面對高衝突人士，別想要點醒他們（想都別想）！

與高衝突人士相處，最讓人摸不著頭緒的一點是，跟他們講理或是想點醒他們必然失敗。我們不斷聽到有人反映：「他就是聽不懂，我要怎麼讓他知道他的所作所為很傷人？」「當我試著幫她，並告訴她哪裡做錯。她卻對我大吼說我不了解狀況！」所以，省點力氣，不要再自討苦吃了。你很難讓他們看清自己，或讓他們明白他們的言行對其他人的傷害。

但是，這不表示你沒辦法跟他們合得來。

CARS四大技巧，就是特別設計來應對本章一開始提到的高衝突人士的四個關鍵特質，可有效提高你對衝突的應變力；腦科學也印證了這一點。

我們的左腦與右腦，各掌管不同的工作（雖然兩者也有重疊）。左腦比較理性，傾向分析細節、計畫未來，設想一個人的行動、說話帶來的結果，並且在做以上事情時都保持冷靜。大多數時間，左腦都是居主導地位，解決日常所需的邏輯問題。右腦則是掌管你跟其他人以及周遭世界的關係，重視人們非語言的溝通，包括說話語氣、臉部表情與手勢背後的意思；主司創意、直覺、靈感乍現與藝術思考。

右腦也負責判斷我們是「深陷危險」，還是「可以放鬆」。我們防衛性的保護情緒，往往來自右腦。當我們面臨危機或身處全新環境，右腦就居於主導地位，右腦的杏仁核特別擅長暫停我們的邏輯思考，讓我們能藉快速行動（戰或逃，或是凍結）來保護自己。

此外，研究顯示有人格障礙的人胼胝體比較小。胼胝體就像是兩個腦半球間的橋梁，能幫助兩邊順利合作。所以，有人格障礙的人一旦生起氣來，往往比較難讓他們冷靜。因為當他們生氣時，比較難啟動大腦的邏輯思考。

有鑑於此，我們設計了CARS法來解決這些問題，讓你更有效的安撫高衝突人士的憤怒情緒（與右腦對話），並引導他們將注意力轉移到解決問題（讓左腦拿回主導）。

當人用左腦進行邏輯思考、專心解決問題時，右腦多數時候是沒有作用的；

而當一個人突然生氣，右腦猛然啟動，左腦就暫時中止。所以，你必須先與他們的右腦對話，讓右腦冷靜下來，這樣左腦才能重新占主導地位。架起溝通橋梁之後，你才能把焦點放在分析選項、回應與設定界限上。

5

四大心理技巧，管理各種高衝突人格

CARS衝突管理法包括四大心理技巧，你可依序使用，也可在任何時間單獨使用其中一種或兩種以上。有時用同理心、關心與尊重（Empathy, Attention, and Respect，簡稱EAR）架起溝通橋梁就能解決問題，但有時設定行為界限是處理問題的唯一方式，端看哪個技巧對你最適用。

技巧一：以同理心、關心與尊重架起溝通橋梁

高衝突人士大多處心積慮要你關心、尊重、聽他們說，他們情緒化言行背後通常隱含著：「這不是他的錯」「你要為他遇上的問題負責」或「你難道不知道他已經很辛苦了嗎？」所以，有效化解衝突的第一個步驟或技巧，就是以同理心、關心與尊重架起溝通橋梁，最能在短時間內有效安撫對方情緒。

但大部分的人在被責罵或受攻擊時，會很本能的採取反擊，例如說：「是你搞錯了吧！」或「這才不是我的錯！」這些直覺反應能讓理性的人冷靜下來衡量情勢，但對高衝突人士來說，這麼做只會升高他們的憤怒情緒與攻擊性防禦。

採取同理心、關心與尊重的ＥＡＲ溝通法，除了顯示你在聆聽，還可打開對方的耳朵，讓他們把你的話聽進去，並冷靜下來。

這個做法一開始看似困難，因為跟你的直覺相反，但這樣最能夠安撫高衝突人士，可以跟他們不理性的右腦對話。要有效安撫高衝突人士的右腦，才有機會讓他們願意跟你合作解決問題，而不是跟你對抗。這麼做可舒緩他們的防禦情緒（啟動左腦），讓他們把你當做一起解決問題的盟友，而不是相互對抗的敵人。

採用ＥＡＲ溝通法不表示你同意他們的抱怨內容。你無需同意高衝突人士的觀點，你是對「人」而非對「怨言」有共鳴。對於爭議，你仍可保持中立。

最忌諱：「我說的，你都沒在聽！」

首先，表達同理心，這是表達對人的真誠，關心他人的感受與體驗。同理心與同情心不同，後者是對他人處於劣勢感到憐憫，並沒有感同身受。當展現同理心時，我們感覺和他人是平等的，同時意識到自己可能面臨相同處境。例如：

「我完全了解你希望在週一前得到答案，我也由衷希望能讓你早點知道。」
「我明白這個情況有多麼令人不悅。」
「我知道要處理這種問題很不容易。」
「我明白這個專案對你而言有多重要！」
「我知道你很擔心這件事衍生的問題。」

其次，讓對方知道，你對他憂慮的事真的很關心。高衝突人士花很多心力來博取關注，但最後只會讓人避之唯恐不及。大多數人都會竭盡所能避免與高衝突人士接觸，所以單單表現出興趣或關注就足以安撫他們，因為他們不用賣力爭取就贏得你的注意。

要表現完全的關注，仔細聆聽他們說的話，不要沒過多久就打斷，聆聽能讓你充分了解對方的經驗與感受。接下來，你可以表示自己知道對方重視什麼，讓他感受到你是真的關心，而不是只想著怎麼回答。你也可以說，你希望多了解整體情況，藉以更了解對方經歷的事件。例如：

「我知道，在週末前完成報告，這件事對你而言非常重要。」

「我知道，這個研究結果可能會影響你的預算。」

「請再多告訴我一些。」

讓對方感受到，你是真心尊重他們。你尊重的可以是他們的成就、多年歷練的能力，或是正面的人格特質。表現出同理心，能讓對方感受到雙方平等，而不是聽起來像屈尊俯就。例如：

「你的檔案保管得真好，真是個做事井井有條的人。」

「我真的很敬佩你，對蒐集這個事件的相關資訊如此努力，讓我們很快知道問題出在哪裡。」

「我知道你很擔心得不到我們的回應，我跟你保證，我們跟你一樣非常重視即時回應。」

你的語調、姿態都有戲

語調非常重要，請避免聽起來沮喪、苛刻、優越、無助或毫無興趣，你要表現出關心、心胸開放、充滿興趣與友善。平靜的語調可帶來極不同的效果。

你的肢體語言也會傳達同理心、關心與尊重：

- 身體往前傾，顯示你確實在聆聽。
- 保持眼神接觸，顯示你的關心。
- 適時點頭，顯示你對話題感興趣。

怒氣沖沖的人，往往對謊言特別敏感，如果你實在沒法產生同理心，試著想想他所做過值得尊敬的事，但如果你實在無法找到他值得尊敬或同理之處，就不要說你有，千萬不要說謊。

如果實在無法產生同理心或尊敬，專注聆聽即可。你總可以說，「請再多告訴我一些」這樣的話吧！這麼做就能發揮安撫效果，因為對方知道你在聆聽，不需要他們費力爭取。如果你的肢體語言顯示願意聆聽，大多數生氣的人會感覺好一些，也就比較可能冷靜下來，告訴你發生了什麼事。

認真傾聽，但不必一直聽下去

EAR溝通法不只是單純聆聽，而是一種解決方案。當對方很情緒化時，你隨時可用此方法來回應；而當你想做其他事時，也能用來幫你結束一段對話。

眾所周知，高衝突人士可以講個不停。他們不會因為談論自己的痛苦而獲得紓解，他們已經講過太多次，痛苦根本揮之不去。很諷刺的是，一般人不會到處找人抱怨訴苦，反而比較容易自我療癒並往前進，而高衝突人士卻常深陷在自己的痛苦之中。

他們經常不斷尋求別人給予同情、關注與尊重，EAR溝通法就是針對他們這方面的心理需求，讓他們覺得他們說的，你都有在聽，他們就不用一再訴說或講個不停了。想打斷一個氣惱的人，最好的方法就是展現你的同理心與尊敬。這麼做最能轉移他們的痛苦，把焦點放在解決問題上。

對人表達同理心，但不必對抱怨有共鳴

對人表達同理心、關心與尊重，能幫你從「人」的角度跟生氣的人取得連結，但不代表你認同對方的觀點。我們太常陷入對問題的爭論，但高衝突人士的問題往往不是問題本身，而在於他們沒法管理自己的情緒，以及（有時）失控的行為。如果高衝突人士質問你，究竟認不認同他的觀點，只需簡單解釋：你不全然知道發生什麼事，但你關心他，希望盡可能幫忙。

對生氣的人展現同理心、關心與尊重，不表示你們兩人關係密切。你仍然可以跟對方維持專業上的關係，或同事、鄰居的關係。不要跟高衝突人士走得太近，以免他們對你有錯誤期待，認為你願意捍衛他們，或是想花更多時間跟你在一起，而你並不想要。

維持不太遠又不太近的關係是上策，但如果你是高衝突人士施暴的受害者，最好的方法是徹底遠離這個人，由其他人去跟他們交手。

技巧二：分析最佳選項

當你跟高衝突人士架起溝通橋梁，緊張情勢緩和了下來，就可開始考量你的選項與解決方案。怎麼做呢？先想出幾個可能選項，並列出清單，然後仔細逐一進行分析。

先問自己八個關鍵問題

分析選項時，問自己幾個關鍵問題：

- 這個方案在執行上是否可行？
- 這個方案是否能有效解決問題，或至少能夠控制問題不再擴大？

- 這個方案是否需要其他人配合？你能指望他們給予你協助嗎？千萬不要把別人的合作視為理所當然，必須逐一確認。
- 這個方案有哪些優缺點？明確列出並分析各個優缺點對自己有多重要，你可以計分（3代表非常重要；2表示有點重要；1表示不重要）。
- 有可能發生什麼意外？如果發生，又該如何因應？
- 為了確保方案成功，還必須額外執行或研究哪些事？
- 整個執行流程的每個步驟與時間表為何？
- 這個方案跟你的價值觀與個人喜好是否契合？

掌握一〇％法則

在工作與生活的許多面向，能一次改善一〇％就已令人滿足，如輕鬆節食，減去一〇％的體脂肪；短時間內，負債減少一〇％；一年內，收入增加一〇％。

你能以EAR溝通法，用同理心、關心與尊重跟高衝突人士架起溝通橋梁，將你們之間的衝突情況改善一〇％嗎？高衝突人士的思考模式非黑即白，很難意識到一〇%的改變；但這一〇%是為了你自己，以及減少你的壓力。

當你開始運用一〇%法則分析手上選項，請問問自己：高衝突人士有哪些行為最讓你生氣或焦慮？如果高衝突人士是你的直屬上司或部門主管，他做了什麼：把你的點子占為己有？對你大吼大叫或是用不專業的態度跟你說話？對你或你負責的專案進行讓人窒息的微管理？

我們就以這些情境來分析，幫助你了解如何有效運用一〇%法則：

點子被上司占為己有：這種事不僅惱人，而且可能一再發生，若你想保護自己絕佳的點子，請以電郵把點子也寄給同組同事，並說明你想把這個點子提報給上司，請他們給你一些意見；當你將點子寄給上司時，說明你已跟同事討論過，而他們做了哪些建議以及初步回應。這個策略或許沒辦法阻止上司拿你的點子向老闆邀功，但同事會知道那是你的點子，這就是一種改善，即使只是小進展。

老闆以高分貝、不專業的態度對你說話：你或許已為了這個問題嘗試了很多方法，現在試著先讓情況改善一〇%就好。

策略一：當主管或老闆提高聲量時，舉手示意對方「暫停一下」，並以謙和的態度說：「請等一下，麻煩您再說一次您有疑慮的地方，讓我能夠完全了解最新狀況。我知道這件事很重要，但您一大聲，我就很難專心思考您說的話。」

策略二：下次當他再這樣對你，舉手示意對方「暫停一下」，並以謙和的態度說：「請等一下，讓我們到會議室（或您的辦公室）詳談，以免打擾到其他同事。對你我而言，有點隱私很重要，而且這樣我也才能徹底了解你的想法。」

策略三：主動去找你的主管或老闆談，跟對方說：「我需要您幫個忙。每當您找我講話，我知道都是很重要的事，我也知道您非常忙碌，但若您的聲量太大（或是講髒話），我就很難集中注意力聽您說話；若您能心平氣和的說話，或私下跟我說，對我會有很大幫助。我真的很想完全了解您的想法，以及您想要我去做的事。」

再次強調的是，你可能沒辦法改變這個人，但你一定可以找到方法，讓你們之間的互動改善一〇％，這就是不錯的進展了，可以有效紓解你的壓力。

令人窒息的微管理：有個相當好用的方法，是設定週會向你的高衝突型上司或老闆，報告最新工作進度。此方法有助你們以建設性方式討論未來工作事項。等取得他們的信任之後，你再把週會改為一個月兩次，但每週仍提供書面的進度報告。重點在於，如果你在這方面主動積極，高衝突人士就不會那麼緊張，對於你們之間較少互動，也不會那麼難以忍受了。

但請切記：沒有人喜歡被蒙蔽，如果遇到狀況，你沒有如實跟高衝突人士報告，一旦他們發現，他們的防禦情緒就會被挑起（右腦活躍）。當右腦變得活躍，邏輯與理性就會失靈（左腦關機）。

不希望有人對你微管理，唯一方式就是建立信任，而最佳做法是：讓專案按部就班進行，並隨時讓他們知道最新進度。他們不會主動停止微管理，但可能會轉移注意力，不再緊盯著你，改去盯別人。

一〇％的改善，就能有效減輕你的壓力，進而強化你的應對能力，有效迎戰高衝突人士的未來行為。把焦點放在小成功，你會明白，即便高衝突人士的行為不會改變，但你的策略有助於改善你們每天的互動。

以提案取代直接回應

另一個分析有利選項的方式，是以提案取代直接回應。你永遠可以把過去的問題，拿來當做改進未來的提案，但過去發生的事，沒有比你現在要做的重要，所以請避免強調過去問題有多糟糕；對高衝突人士而言，這只會激起他們的防禦心態。試著從清單中找出解決方案，確實提出來討論並讓大家一起完成。以下是提案的三個步驟：

提出建議：說明誰該做什麼、何時做以及在哪裡做。

讓對方提問：對方會問相關問題，例如「如果我答應去做，之後會怎樣？」「我還需要做什麼，有更多細節嗎？」提案者再進一步回答這些問題。

對方的回應：大致有三種，包括同意、反對，或「讓我再想想」。若對方不接受你的提議，那就換他提出新提案。用這個簡單方法，就可有效避免緊張狀況加劇，而且由於高衝突人士常會針對別人的提案進行爭辯，這個方法能讓他們無法這麼做。

再次強調的是，把問題聚焦在人、事、時、地上，例如當對方提出建議時，真誠的詢問：「你覺得執行這個想法會發生什麼情況？我需要負責什麼？」但請避免詢問：「為什麼？」這類問題常會引發新爭辯，像是「為什麼你要提議這個？」或「為什麼你不早點提出來？」就如本章一開頭所提，高衝突人士很容易把焦點放在過去，為自己辯護，同時挑起爭端。你可以針對目前提案提出問題，讓大家把重點鎖定未來。

在工作場合，這種誰也不甘示弱的反擊往往很快就被點燃，你該做的，就是把焦點放在「建設性的提案」，趕快把火苗踩熄而非「無謂的回應」。

把焦點放在建設性的未來，而非負面的過去，任何對過去的批評，都可轉為對未來的提案。提出你可以做的事，以及對方可以做的，同時具體描繪出場景：執行的內容，以及時間與地點為何？你的提案愈實在詳盡，愈不容易引發負面回應，而且可以快速讓高衝突人士的態度從指責轉變為解決問題；太過情緒化的提案或要求，往往只會挑起防衛心態，對高衝突人士尤其如此。

技巧三：對敵意與不實訊息有效回應

在高度衝突的口角中，時常出現錯誤訊息與激烈的言語指責，這些往往來自高衝突人士扭曲的想法或認知。認知扭曲不僅攸關不安、焦慮等心理因素，認知療法之父貝克（Aaron Beck）的研究也發現，它跟人格障礙有關；另一位認知療法權威伯恩斯（David Burns）在早年的著作《感覺良好》（*Feeling Good*）中指出，認知扭曲的幾個現象：

- 想法非黑即白：只看到極端情況，卻忽略真實的灰色地帶。
- 遽下結論：沒有查證，就認定是最糟狀況。
- 情緒化思考：以為「感覺是真的」，就「一定是真的」。
- 臆測對方心思：自認有能力知道其他人在想什麼。
- 對人不對事：認定別人的話或行動必然跟自己有關。

我們都有想法失真的時候，所以自我檢視想法是否實際很重要，例如：「真的是這樣嗎？還是我自己遽下結論？」但高衝突人士多數時候並沒有意識到自己的想法或認知扭曲。他們常有許多曲解的想法，卻毫不懷疑也不查證就接受了；更嚴重的是，他們會到處宣傳錯誤訊息，對自己有多荒謬渾然不覺。

有時候，他們會刻意散播不實資訊，而且認為必須這麼做，才能保護自己不被周遭的危險侵害，然而危險往往來自他們扭曲的想法，只是他們完全不自覺。他們真心認為別人都想傷害自己，也因此，他們的極端行為理所當然。

即便你覺得這些不實訊息非常荒謬，世界上應該沒有人會相信，你仍須妥善應對。無視扭曲的訊息，就跟過度回應一樣糟糕，尤其在現今數位溝通的時代，錯誤資訊幾乎不可能清除，不可不慎。回應之前，請先思考以下三件事：

- 何時必須做出回應？
- 什麼是正確的資訊？
- 應該對誰提供正確資訊？

需要回應嗎？該何時回應？

先問自己一個問題：「真的需要回應嗎？」

如果高衝突人士只告訴你，未對外散布，你或許不需要回應，因為你不可能改變對方的想法。但如果錯誤資訊傳到某個大嘴巴那裡，或是你所屬的更大社群（你的部門、整個組織或社會大眾），那你一定要盡快回應。你肯定不想別人輕易的被這些錯誤資訊蒙蔽，尤其這訊息跟你攸關；你必須讓他們知道，他們接收到的是不正確訊息；如果不澄清，他們就有可能認定是真的。

衝突情緒極具感染力，錯誤資訊往往夾帶強烈情緒，很可能讓別人不由自主的陷入其中，引發嚴重後果。我們曾見過一些人，任由高衝突人士散布對他們不利的訊息，卻不挺身出來澄清，致使錯誤資訊很快成為眾人眼中的「事實」。

錯誤資訊伴隨的情緒往往極具說服力，不要假定別人不會被矇騙。

什麼才是正確資訊？如何有效傳達？

當有人散布跟你有關的不實資訊，建議以下列BIFF法直擊，方可切中要點：回應簡短（Brief）、訊息充分（Informative）、態度友善（Friendly）、立場堅定（Firm）。此外，錯誤資訊首度以什麼媒介出現，你就要以同樣的媒介（電子郵件、面對面、電話等）回應。

回應簡短：這可減少你憤怒回應或讓對方喋喋不休的機會，簡短回答也能顯示你不想要進一步對話。切記，回應時不要進行人身攻擊。

訊息充分：回應的主要目的是矯正錯誤言論，把重點放在「事實」與你想提供的正確訊息，而非對方說的不實言論。避免負面評論、諷刺、威脅或是針對個人的評論。

態度友善：當你有意識的想要表現友善，遇到情況時你以友善或至少中立方式回應的機會就會大增。不要給對方陷入防禦情緒或喋喋不休的理由，同時別忘了，你的回應要聽起來很自然且不具威脅性。

立場堅定：清楚告訴對方你要表達的訊息，或是對這議題的關注，然後就可停止對話，避免橫生枝節、模糊焦點；不要下評論，以免招致更多討論。語氣、態度要充滿自信，不要求取更多解釋。若你想回應特定的問題，就把它轉為是非題，並要求對方在特定日期與時間前回覆。

正確資訊該提供給誰？

一般來說，你會想把正確資訊告訴被誤導的人。高衝突人士的盟友通常是一般人，沒有高衝突人格，只是在情感上受牽引而被蒙蔽，但也有些人是他們堅定忠誠的盟友，像是家人或工作上仰賴他們的人；一般來說，回應他們沒有意義，因為他們深受影響，不是你能扭轉過來的。你可以提供正確資訊給那些可能成為他們盟友的人；但如果錯誤資訊已散布到整個組織，對所有人提出更正就非常重要，因為即使是聽起來極不可信的資訊，也總有人會產生情感認同，即使大多數人不會，你還是要對整個組織提出更正。

如何應對被解雇員工？

有位員工因為一再犯錯，在經過幾次懲處、卻仍未改善下被解雇。負責人資的傑瑞在處理員工解雇方面相當有經驗，他接到對方充滿挑釁的來信：

傑瑞：

我這週有個面試機會，這是個天大的好消息。因為你，我的醫療保險即將被中斷。你沒有權利毀了我的事業，讓我拿不到好的推薦信。你們公司的腐敗很快就會被揭露。我需要一份我之前工作內容的證明文件。我已經跟你要了三次，而你連回都不回。如果需要我順道去跟你拿，請讓我知道。

羅貝塔

傑瑞應該如何回應？他應該指出她之前根本沒向他要過工作清單嗎？又是否應該跟她講清楚她已經不能再進公司？以下是傑瑞的回覆：

親愛的羅貝塔：

很高興你得到面試機會，有了新的進展。我由衷希望，你找到一家適合你的公司。我把你的工作內容清單附在這封郵件中。希望對你有幫助！

祝福你！

傑瑞

這封信夠簡短，資訊也很充分，信裡給予祝福，希望羅貝塔找到適合工作，而且附上她所需工作內容清單。沒有一句話聽起來是防衛性的，或是會激起她的防衛心態。當然，每個回應都需要符合當時情境，每個人需要不同的回覆。傑瑞相信，這就是羅貝塔當時需要的適當資訊。

傑瑞以友善的態度，表達了祝福，同時以直接資訊回應了她的要求。他的言詞堅定，在信中他沒有要求對方給予任何回應。他讓對話劃下句點。雖然知道如要認真談還有很多可談，但在此情況下，多談無益。當你的回應夠簡短，對方能回應的也就很少，或幾乎沒有反擊餘地。

傑瑞沒有指責或糾正羅貝塔的錯誤訊息（她說自己已跟他要了三次工作清單），他也沒有特別提到她已經不能再進公司的事實。跟高衝突人士相處，有時最好的回應策略是：別讓他們有機會把注意力放在不相關的事情上。有效回應沒有萬無一失的範本，必須就對方的特質、當時的情況來做判斷，才能給予恰當回應。

技巧四：對不當行為設立界限

在許多情況下，與高衝突人士交手最重要且最困難的步驟，是設定界限。一般來說，高衝突人士比較不會自我控制，個性衝動，較不會意識到自己的行為帶來的影響。此外，當他們的行為影響或傷害別人，他們往往也較不在乎。

設定界限可以由個人或社群來完成，「社群」可泛指辦公室的工作團隊、企業、組織或其他群體。

設定界限包括兩個步驟：建立或指明規則（像是政策、流程或法條），以及提出若違反規則會遭受的合理後果。

無法完勝，只求有效抑制

再簡單的流程，對於高衝突人士來說都會變得格外困難，他們的人格特質像是生來就為了打破規則、逃避懲罰，並且強烈主張規則與懲罰不適用他們，因為他們很「特別」。因此，對不當行為設下有效界限，要特別注意以下幾件事。

首先，高衝突人士不是依正常邏輯或實際利益做回應。他們往往曲解眼前的危險，因此，行為上顯得缺乏邏輯或損人不利己，只是他們對此毫無意識。別忘了：真正的問題往往不是問題本身，而是他們的高衝突人格。

此外，能夠抑制就好，不要指望去控制。你應對高衝突人士的最主要目的，應該是抑制他們的行為，而不是指望「讓他們有自覺」或完全控制他們的行為。高衝突人士對自己的極端思考、感受與行為模式毫無自覺且根深柢固，如果控制他們是你的目的，你只會處於失望狀態。要讓他們覺醒？最好想都別想！

與其讓他們自覺或是改掉某些行為，不如把重點放在可以「抑制」就好。你真正想要的是藉由設定界限，讓他們停止攻擊性防禦的行為。高衝突人士的人格與思考方式不會改變，但他們會記得哪些是受歡迎的行為、哪些不是。

保持自信，就可增加勝算

設定界限沒你想的那麼難，運用你自身能力就能做到。你擁有的往往比你想像的更多，只是這件事常被你忘記。對剛開始採用本書方法的人，可單純藉由少跟高衝突人士接觸，以及限制交談的內容來設定界限。高衝突人士的行為極富戲劇性，他們對許多事情都有意見和情緒，所以你最好不要跟他們討論特定話題，就算要談也不要談太久。

如何結束一段不想繼續的對話？同事A一直糾纏同事B要和他互換休假日。「我已經告訴你，我不想和你調換休假日，也不想再討論這個話題。讓我們來聊聊你週末的計畫吧。」

週一早上九點半，同事A在辦公室興奮的跟你聊他的週末。「聽起來你的週末過得多采多姿，但我得就此打住。我必須趕緊完成這個報告，下午才能準時下班接兒子放學回家。下回再聊了。」

在極端情況下，你可能會認為，跟高衝突人士設定界限的唯一方法，是跟他一刀兩斷。如果你要這麼做，必須非常小心，以免挑起他的極端情緒攻擊你，或譴責你讓他心情低落。一旦陷入情緒漩渦，他們甚至會對外散布不利你的謠言、追蹤你的一舉一動、提起法律訴訟，甚至出現暴力行為。

當你對高衝突人士設定界限時，很重要的一點是保持自信。這確實很難，因他們對於任何限制都極度抗拒，過程可能讓你身心俱疲。一般人常會中途放棄或投降，只拿出一般努力來設限往往會失敗收場，但這麼做只會助長高衝突人士的極端行為。

在設定界限上，你可能需要找人與你一起合作。你的社群可能是你的工作團隊、同事、上司、工會或人資部門。社群運作往往都有一套權力結構，就可用來設定界限。此外，你的社群裡可能有訓練有素的員工協助專家，專門幫忙解決問題，協助設定界限。想了解公司的規範與協助資源，可參考工作流程指南，或是請教工會代表。最重要的是，不要讓自己孤立無援。你不是唯一必須跟高衝突人士交手的人。就如本書開頭說的，高衝突人士無所不在。

不可抗的權限，就是有力的界限

在設定界限時，不要讓對方覺得是針對他。解釋界限的「外部原因」，像是某項規則「要求我這麼做」或「我沒有權限這麼做」。

高衝突人士往往認為所有的攻擊事件都是針對他，就好比你的出現就是要打壓他。你必須強調自己會試著幫忙，但必須遵守規則與政策。假使你的工作場所對某個議題沒有政策方針，讓他知道你會晚點回覆，然後快速擬出一套規範。

高衝突人士喜歡鑽組織流程漏洞。如果你有權限，就設定一套規範，讓他們知道規則是什麼，並且切實執行。這麼做能讓高衝突人士感到安全、有條理，也較不會侵犯你。在許多情況下，給高衝突人士的規範與懲戒，就像規範小朋友一樣，需要對每一步設限。你這麼做，長遠而言是幫助他們，不再給自己和他人找麻煩。

如何應對憤怒的學員？

蒂斯達夫諾多年來一直是加州酒駕違法者大型教育計畫的執行總監，每週約有三千名學員來參加講習。他們皆非自願，當中有許多人非常難纏，很喜歡強人所難；這個計畫的執行過程，隨時可能出現暴力行為。酒駕違法者必須參加每週一次的心理諮商與教育課程，為期三個月、六個月、九個月或十八個月不等，課程活動超乎想像的緊湊，因此很容易引發不滿。

講習現場雖有保全人員、監視器與緊急通報鈴，然而，蒂斯達夫諾很快發現

圖 3 秒懂四大高衝突人格特質與應對策略

高衝突人格特質

- 愛指責與抱怨他人
- 思考模式非黑即白
- 有毒情緒隨意發洩
- 行為極端讓人抓狂

CARS 應對衝突法

- 採用 EAR 溝通法
- 分析最佳選項
- 對不實訊息做出回應
- 對不當行為設立界限

要確保環境安全、減少緊張與敵意的最佳方法，是加強職員的「客服訓練」，提高顧客（學員）的滿意度。這個強制課程對學員的要求相當嚴格，幾乎沒有轉圜空間，是否能創造出安全與合作環境，關鍵在於學員的配合。

二十多年來，蒂斯達夫諾與艾迪在許多不同場合，討論關於高衝突人格與職場安全議題，艾迪建議蒂斯達夫諾運用EAR溝通法，教導員工以同理心、關心與尊重的顧客服務觀念，跟學員架起溝通橋梁，並邀員工參與「和難纏人士交手」的工作坊，學習應對之道。

這些訓練表面上是為了改善和顧客的關係，但更重要的目的卻是加強安全，讓學員願意遵守這項強制課程的章程、規則、政策與流程。我們鼓勵輔導員在團體課程，對學員展現高度同理心。蒂斯達夫諾則利用她開發的治療模式，將療程個人化。讓學員們感受到他們的問題與擔憂在一對一的課程（尊重）中被討論（關心）。

儘管輔導員與行政人員必須對學員的行為設定界限，也時常必須拒絕學員的請求與要求，但他們學會如何以充滿同理心、關心與尊重的方式來進行溝通，有效安撫了學員的情緒，並願意配合。

蒂斯達夫諾教導CARS四步驟多年，但她認為第一個步驟「用同理心、關心與尊重架起橋梁」，在解決工作的挑戰上效果最卓著。有了這個良好基礎，她更能有效協助員工為學員分析他們的選項、對敵意做出回應，並對學員的行為設定界限。

CARS法除了應對憤怒的學員，也可應用在顧客、員工、同事、上司與老闆身上，後面章節會有詳細分析。這個應對衝突法有四大技巧或步驟，有時即使你只使用其中一項，也能有效駕馭高衝突人士。事實上，你可用在跟任何人互動，增進你的人際關係與溝通能力。這個方法並不困難，但如前述所說，因為跟你的直覺反應不同，所以需要多加練習。

接下來我們將告訴你，在現實生活中應對不同類型的高衝突人格時，怎麼運用同理心、關心與尊重架起溝通橋梁？又如何用列表或提案來分析有利選項？用簡短回應、充分訊息、友善態度、堅定立場回應錯誤資訊，以及對問題行為設立界限？

第二部

在第一時間，就做好衝突管理

6

自戀是成功人士的特質？

身為高衝突研究機構（High Conflict Institute）的講師與顧問，我們最常接到的請求是協助應對自戀型主管，這類職場問題居所有類別之冠。

這種情況發生在非營利組織、醫療保健機構、教育機構、政府機構，或任何大大小小的企業。自戀者傾向尋找能管理人的職務，喜歡被視為「非常優越的人」，因此需要比他們低階的人來滿足內心想法。自戀者可能是基層主管，也可能是執行長或公司老闆。

當自戀者成為組織領導人時，會發生什麼問題呢？

那些你沒看見的人格特質

不論在商界、政界或工作團隊，對自戀者都有個迷思，會不自覺的傾向選擇他們來擔任領導人。

自戀者深受領導地位吸引，部分是因為人格特質：他們希望得到比別人更多的尊重與關注，對自己的想法堅信不疑，很享受勝利的滋味，也有能力吸引並說服人，他們還比一般人更能夠把注意力聚焦在單一目標上（如成為領導人）。

而尋找領袖的人容易被自戀者吸引，也是基於類似原因：我們喜歡被吸引與被說服，因此樂於給他們熱烈關注；我們喜歡他們為了成為領袖拚盡全力，深受他們克服挑戰、預見未來的能力吸引。反觀一般人往往不喜歡成為領導人之後，會面臨的各種麻煩事（或是不想與自戀者惡鬥得到這個職位）。

自戀型領導人與被管理的人互相吸引看似源於人性，過去數千年來人類或許都是這樣組織起來對抗敵人，最後得以存活。或者說，有點自戀是好事？幫助人在面對渺茫勝算時仍不屈不撓，或面對強大批評時仍泰然自若，能為不被看好

（但是好的）想法爭取注意，並把不同類型的人（有時數以百萬計）吸引到他身邊，認同他的想法，在戰爭或生死存亡之際，尤其需要這類領導人。

這些特質在這個文化快速推陳出新的時代同樣重要，那些勇於冒險的創業家得以帶領團隊創新突破，為我們帶來全新的高科技生活型態。充滿領袖魅力的人物，如賈伯斯、祖克柏、貝佐斯、馬斯克等，新聞報導與時事評論常把他們歸類為自戀者，他們都非常成功，並展現有效的管理風格。但事實上他們或許只擁有自戀者的部分人格特質。這些特質讓周遭的人覺得他們很難相處，但他們有其他人格特質讓他們可以有效溝通、提出策略解決問題，以及擁有絕佳的生產力。

賈伯斯有句名言，說他從不做市場研究，因為人們並不知道自己真正要的是什麼，但他知道。他也時常言中。

然而，有些領導人卻是自戀型人格障礙者，遲早會引發嚴重問題。跟只有部分自戀特質的領導人一樣，他們也有極具魅力的性格，不過那只是表面上。

自戀型人格障礙者的行為，往往超出一般人能忍受的範圍。根據美國心理學會出版的《精神疾病診斷與統計手冊》指出，人格障礙是一種行為失控，會造成嚴重焦慮，或是在社會、職場與其他重要領域無法正常表現。

人格障礙者的三個關鍵特徵

在《精神疾病診斷與統計手冊》中，為自戀型人格障礙者列出了數個偏差特徵，包括：認為自己無比重要且無人能及；花很多時間幻想擁有無限的成就與權力；深信自己獨特出眾；需要大量讚美；認為自己得到的都是理所當然；喜歡利用關係與享有特殊待遇；欠缺同理心又善妒；自大傲慢。

當然，一個人是否有人格障礙，只有領有執照的心理師，基於幫助病患，在經過徹底評估後才能開出診斷。你永遠不應該隨便對別人說，你認為他是個自戀狂，這只會顯示你妄自尊大。

從診斷特徵來看，自戀者會經常感到焦慮，並不斷出現行為偏差，這樣的人很顯然並非組織領導人的適當人選。然而，一般人實在很難從表面上去分辨一個人只是有部分的自戀特質，還是嚴重到有人格障礙。我們有個簡單方法，可幫助你辨識身邊那個經常害你情緒變差的人，只有部分自戀特質，還是人格障礙。

以下是人格障礙者（任何類型都算）跟他人不同的三個關鍵特徵：

- **缺乏自覺與自省**：他們無法意識到是自己造成問題，這道理就跟有酒癮或藥癮的人拒絕承認自己是成癮者一樣，他們充滿防禦心態，欠缺自我反省能力。
- **無法適應或改變**：儘管行為不符合社會規範，他們卻不願改變，他們不覺得自己有任何問題，有問題的永遠是別人。
- **深信自己沒有錯**：他們認為造成問題的原因跟自己毫無關係，也不覺得自己有錯，由於不知變通，因此常常面臨相同或類似的問題或衝突，一方面覺得無助，另一方面則集中火力去攻擊別人或迫使他人改變，藉此讓自己感覺良好。

一遇到問題，總是把錯推給別人，並不斷攻擊或試著消滅被指責對象，不斷製造衝突的人，就是我們眼中的高衝突人士。

如果你正在決定該晉升哪位員工至管理職，請先了解每位人選可接納別人意見的能力，以及是否曾試著改變或改善自己的行為。如果他總是自認毫無錯誤，又喜歡批評他人，這樣的人在大多數組織可能都不是優秀的領導人。尤其在現今這個快速變遷，力求創新的時代，身為主管或領導人必須反應靈活且快速學習。有自戀型人格障礙的人顯然並不符合這點。

擅長在組織裡往上爬，但成功維持不久

心理學家圖溫吉（Jean Twenge）與坎貝爾（Keith Campbell）在《自戀時代》一書中提到，職場上的自戀者通常自認是絕佳領袖，他們也比其他人更容易被推選為領導人，但相處一段時間後，同儕或團隊成員就會發現他們的負面特質，並且不再視他們為領導人，「研究顯示，自戀型主管一般在解決問題上僅取得平均分數，而在領導能力、人際能力與正直品格上，分數則低於平均。」

圖溫吉與坎貝爾在書中指出，在團隊裡的自戀者，即便不是領導人，也會去

搶占其他人的功勞、推卸工作，或把過錯推在別人身上（即使是他們的朋友）。然而，自戀者卻往往能夠讓組織高層印象深刻，因為事實上他們最擅長的，就是「拍上司馬屁」與「打壓同儕或下屬」。

一般大眾深信，最好的企業領袖必然擁有絕佳魅力：才能卓越出眾，又極富吸引力，對你推銷的想法你都願意埋單；加上個性豪邁大方，能夠讓追隨者心甘情願為他們工作。從領袖魅力來看，你可能認為自戀者是最優秀的領導人、最佳執行長。然而研究顯示，事實正好相反。這個認知完全錯誤！

在《安靜，就是力量》一書中，作者凱恩（Susan Cain）指出，研究顯示最高效能的領導人共同擁有的特質，其實是：缺乏領袖魅力。

優秀領導人往往不斷自我鞭策、努力工作，來證明他們適任領導工作。他們當中有許多人以謙遜著稱，最大心願是讓手下的經理人與員工，充分發揮才能。換句話說，領導不是為了彰顯自己，而是為了整個企業。

凱恩總結她的發現表示：「我們需要的領導人，不是把重心放在擴展自我，而是放在他們經營的組織上。」

圖溫吉與坎貝爾在《自戀時代》中，提出類似觀點：自戀者或許擅長在組織裡往上爬，但他們的成功往往維持不久。他們過度自信，不喜歡團隊合作。他們經常自我膨脹，讓別人以為他們無所不能，實際上他們的承諾往往無法兌現。

圖溫吉與坎貝爾研究一百家科技公司後會發現，自戀型執行長有戲劇化的成功時刻，但整體來說，他們的公司比較不穩定，而且往往被非自戀型執行長領導的公司超越，而後者的表現則相對穩定。自戀者喜歡冒險，但這個舉措威脅（而非增益）企業的價值。有些自戀者打造了絕佳公司，卻又一手搞砸它。

主管是自戀狂？向上管理這樣做

你有辦法搞定自戀型老闆嗎？你是否該嘗試看看？答案是：視情況而定；不過，通常都值得一試。有些人就此成功，或許因為自戀者擁有組織需要的特質，若他們的負面行為能被有效抑制，對組織與員工都會有相當大的助益。

有許多人為了逃避可怕的主管而辭職，希望你不是其中之一。你不妨嘗試採用我們的CARS應對衝突法，看這麼做能否改善你的情況或你的老闆，之後再由他們的反應，決定去留。

請先做好心理建設，不要認為他們的行為是針對你，那是他們自己造成的。與已故的賈伯斯共事就是這樣的例子，這位帶領蘋果公司的巨人著實難以相處。

他是否擁有自戀型人格？搜尋「賈伯斯」與「自戀」，會得到超過十萬筆相符的搜尋結果。不過，即便我們都擁有心理執照，可診斷精神障礙（包括人格障礙），但對素未謀面的人，我們無法做出評估並診斷。在此我們只能說，許多人推測賈伯斯擁有自戀型人格特質，但他或許沒有嚴重到有人格障礙，因為人格障礙者無法成功的與人共事。

重要的是，不要認為他滔滔不絕的指責、淚水與反覆不定的性格是針對你。最了解個中相處之道的，莫過於他親手挑選的接班人庫克（Tim Cook）。賈伯斯的太太羅琳（Laurene Powell）也擅長在不被挫折或挑起情緒下，引導並管理他的行為。他們採用非常堅定的方式，不讓他恣意揮灑情緒。以下是他們應對賈伯斯的方式，跟我們的CARS應對衝突法相當吻合。

架起溝通橋梁

艾薩克森（Walter Isaacson）在《賈伯斯傳》一書中，描述庫克的應對之道：「在這個執行長（賈伯斯）領導的公司，充斥火爆脾氣與毀滅性口角，但庫克總是以平靜的態度、舒緩的阿拉巴馬口音，與無聲的凝視把情況控制下來。」

我與史帝夫共事的心得是，人們認為他的評論充滿咆哮與否定，但其實那是他表現熱情的方式。我也從不認為有哪個爭論議題是針對我個人。

當然，有許多人認為，當對方不尊重自己，也不必給予對方尊重。他們問：「為什麼我要忍氣吞聲，就因對方有人格問題，所以我要委屈自己以同理心關心與尊重他們？」但事實上，當工作上遇到高衝突人士，這麼做反而讓你做起事來比較不費力。採用這個技巧，可大幅降低你的挫折感，就像《賈伯斯傳》中提到另一個蘋果員工所做的：「鮑爾思（Ann Bowers）成為應對賈伯斯完美主義、暴躁易怒、敏感難纏的專家……她在一九八〇年加入蘋果，扮演的就像個平和母親的角色，只要賈伯斯大發脾氣，她就介入調解。她會走進賈伯斯的辦公室，關上門，然後心平氣和的對他說教。」

「我知道、我知道。」賈伯斯最後總是這麼說。「好的，以後請別再這麼做。」她總是堅持的說。鮑爾思回憶：「他會努力維持一段時間，但往往一週之後又故態復萌，然後我又會接到求援電話。」

大體來說，高衝突人士對於自己不適當且自我毀滅的行為沒有自覺。賈伯斯對自己的行為是否有自覺？以下是鮑爾思對他的觀察：

儘管賈伯斯幾乎無法忍耐……沒法控制自己……賈伯斯有自覺，但這不代表他會修正自己的行為。

分析最佳選項

儘管賈伯斯的想法固執又自以為是，但他似乎知道自己需要被挑戰。這或許也是他用其他人來駕馭自己人格的方法之一。其他人有權利，甚至被鼓勵去挑戰賈伯斯，他甚至因此敬重對方。但你要有心理準備，當他審視你的想法時，必然會攻擊你，甚至讓你體無完膚。

雖然人格上有缺陷，賈伯斯的卓越能力在於清楚了解自己需要他人的點子：

賈伯斯努力在蘋果內部營造合作的文化。許多公司都推崇自己很少開會，但賈伯斯的會議多得不得了……他堅持要員工圍著桌子，從不同角度、各部門觀點，對眾多議題展開辯論。他形容此為「深度合作」與「同步工程」……「我們的方法是開發整合性產品，這意謂我們的流程必須充分整合，且各部門間要互相合作。」賈伯斯說。

回應敵意與錯誤資訊

在蘋果公司，賈伯斯以其「現實扭曲力場」聞名。他傾向在心中扭曲現實來說服他人達成目標。早期麥金塔電腦軟體工程師赫茲菲爾德（Andy Hertzfeld）說：「現實扭曲力場是充滿魅力詞藻的演說雜燴、不屈不撓意志，與極力扭曲事實來達成目標。」但這樣的傾向，有時也能被管理：

人們也需要忍受賈伯斯偶爾非理性或完全錯誤的言論。不論對家人或同事，他常常充滿自信的發表一些科學或歷史知識，然而那些「知識」往往背離現實。

在開發麥金塔電腦過程的某個階段，超過半數的磁碟機都被否決。賈伯斯氣到大爆發。他漲紅臉開始咆哮，激動表示要把現場做這個專案的人全數開除。麥金塔工程師團隊領導人貝爾韋爾（Bob Belleville），只好小心翼翼的把他帶到停車場，一路上他們可以邊走邊討論其他的解決方案。

設定界限

賈伯斯與太太羅琳的關係有時很複雜，但對彼此忠貞不二。羅琳聰明且富同情心，具有穩定的力量。他們的婚姻顯示，賈伯斯能夠善用周遭意志堅定且明智的人，彌補他自私衝動的缺點。羅琳對商業不予置喙，但對家庭事務做法堅定，並以她的方式影響賈伯斯。

那些最親近賈伯斯的人，藉著取得共識、分析其他選項、回應他扭曲的資訊（而不被激怒）、對他的行為設定界限，有效管理賈伯斯的行為，讓他（與蘋果公司）成功成為科技史上最偉大的領導者之一。

如何管理高衝突人士？從改變動機著手

卡蘿是一家大型組織的執行長，是員工眼中非常難相處的人。她自以為是，又自誇其能，常吹噓自己立下的種種功勞，或是把別人的想法、提案據為己有。她常因一些微不足道的小問題就情緒失控，公司員工都很怕她發脾氣。

公司高階主管艾莉絲知道卡蘿屆齡退休，不想這時離開這個組織，而這家公司也沒有轉調的機會，於是請教我們如何處理。艾莉絲相當擔心員工們會因人際衝突壓力大而影響工作表現。很顯然，人資部門效用不彰，許多對卡蘿的抱怨，不僅未介入處理，有時甚至引來報復行動。人資長是卡蘿的朋友，在許多事件上都袒護她，因此幫助不大。艾莉絲不知道該怎麼做。她相信執行長信任自己，但很快發現對方常輕忽她的意見回饋，有時甚至適得其反。卡蘿毫無自覺能力，很明顯無法反省自己的行為。

在經過幾次諮商，艾莉絲體認到，與其試著改變對方，不如調整她自己的應對方法。

從諮詢過程中，艾莉絲清楚了解到卡蘿是什麼類型的高衝突人士，並學會CARS技巧。她開始採用EAR溝通法來回應卡蘿，她的話語充滿同理心與尊重，而且給予卡蘿最需要的關注。在諮詢過程中，艾莉絲分析自己的選項。她的主要目標是要為員工減低職場壓力，尤其是來自執行長的壓力。

由於卡蘿即將退休，艾莉絲必須考量接班問題。這對執行長職位而言，是件大事。卡蘿也希望自己的貢獻被看重與尊敬。艾莉絲意識到這個議題可成為卡蘿改變行為的重要基礎。

在一次與卡蘿私下溝通中，艾莉絲指出經驗傳承的重要。後來只要卡蘿在這方面對部屬做了正面的事，艾莉絲就會真誠讚美她的努力。逐漸的，卡蘿變得愈來愈友善，願意支持員工，情緒爆發的情況也大幅減少。艾莉絲也教導員工，要對卡蘿的付出與教導，表達感激，展現正面回應。

卡蘿改變行為，並不是為了改善員工福祉，她的改變完全是為了她自己。因艾莉絲對卡蘿提出正確誘因，而在不知不覺中達成了她的目標。當卡蘿準備退休時，公司氣氛已明顯改善，員工壓力頓減，團隊績效大增。艾莉絲也從這個經驗學到，要改變高衝突人士的行為，要從改變他們的行為動機著手，傷害最小，效果也最顯著。

面對不合理解雇，該如何自保？

心煩意亂的安潔拉來找蒂斯達夫諾諮詢，因為她擔心自己要被開除了。她在一家小型診所工作，同事包括醫生老闆、業務經理（醫生的先生）以及數個員工。安潔拉在此工作已兩年，沒有發生過任何失誤，但醫生近來卻對她的表現愈來愈不滿，甚至充滿敵意。

安潔拉形容醫生粗魯無禮、要求苛刻，而且易怒。她表示，自從她和其他員工在一次會議上談到醫生的先生，會對女員工講黃色笑話之後，情況更加惡化。女員工們原本以為，醫生對於事業嚴肅以待，應該會支持他們，然而情況正好相反，醫生勃然大怒並硬生生結束了會議。

在那場會議之後，安潔拉感覺醫師對她的表現愈來愈挑剔。她成為最常受指責的人，不論辦公室發生什麼事，她都會被醫生點名警告。

其他員工都已收到績效評估，唯獨安潔拉沒有。由於醫生對她的敵意日益加深，她開始擔心自己會工作不保。有一天，醫生把她叫進辦公室談她的績效，雖然在數個方面沒有問題，但在幾個面向卻給了負面評價，而且表現得好像曾與安潔拉在多個場合討論過，而她依然未改進，但實際上她們根本沒談過。週末，安潔拉看到一則診所的招聘廣告，職缺內容看起來像極了她現在的工作。

安潔拉來求助我們，她帶來老闆對她的評估表以及她的回應，她已運用第五章所提的回應方式，以一封相當簡短的信，釐清了錯誤資訊，並重申希望繼續保有這個工作，為醫生效力。最重要的是，績效考核的差評是出現在抱怨醫生老公（業務經理）之後。她保留了相關文件，以便日後備查。安潔拉知道自己可能很快會被開除，所以把事件依時間順序記錄下來。

她猜想醫生會擋下失業津貼，因為過去她就曾這麼對待其他員工。果不其然，數天後，安潔拉就收到一張解雇通知，理由是沒有依照指示清掃並整理大供應室。安潔拉對顧問表示，這完全是莫須有罪名，因為她才剛收到自己的年度績效評估，醫生完全沒有提到這些事。早前安潔拉告訴老闆，她準備在夏天重新整理供應室，醫生看似也接受了她的提議。

安潔拉申請失業津貼，但是遭到拒絕。不過上訴後，她得以在聽證會上提出績效評估與她之前對雇主的回應信件。最終她贏得上訴，雖然沒能保住工作，卻保障了她的失業津貼。

成功應對難纏的人

從以上案例看到，賈伯斯身邊的人利用架起橋梁、分析選項、有效回應與設定界限，成功約束了他的極端行為，這些做法讓賈伯斯的才華更能充分發揮。

艾莉絲為了改善卡蘿的行為，學會從改變動機者著手，藉著強調傳承，以及告訴卡蘿善待員工可讓自己保持正面形象，讓她自發的改善行為。

雇員安潔拉成為小診所老闆的指責對象，雖然她無法避免在沒有適當理由下被開除，但她善用CARS法（針對錯誤資訊有效回應），幫她爭取了應有的失業津貼。

成功應對衝突的祕訣在於，不要認為高衝突人士的行為是針對你，或是以為不做任何回應就沒事了。不論對方是哪種高衝突人格，或是你並不確定他究竟是不是高衝突人士，只要任何人出現難纏行為，CARS應對衝突法通常都能派上用場。

7

毒舌又愛暴怒的邊緣人

在職場上，愈來愈多人會把他們的焦慮、憤怒等負面情緒，發洩在其他人身上，他們可能是你的上司、下屬、同事或顧客。如第五章所述，高衝突人士中有一種人的行為模式是：情緒大起大落，瞬間從友善變得極度憤怒，然後又若無其事的回歸友善；他們突發的暴怒，常讓人猝不及防。

面對這樣的人，不論是反擊或迴避，都可能傷到你自己。究竟該如何聰明的與他們相處呢？

讓憤怒的顧客笑著跟你說謝謝

超商裡傳出逐漸升高的爭執聲。

「我有折價券，上面寫我可以用這張折價券在這裡買東西！」婦人大聲的說。年輕店員同樣以高分貝的音量回應：「它已經過期了！你沒發現嗎？就寫在這裡。早在上週，就已經過期了！」

超商裡其他客人看到兩座火山即將爆發，都感到相當不安。此時，店經理趕過來。「我來處理吧，你先去替其他客人結帳。」他平靜的對店員說，然後禮貌的問候婦人。

「非常謝謝您的光臨，請問可以讓我了解到底怎麼回事嗎？我才知道如何幫助您。請問如何稱呼您？」

「我是布朗太太。」

經理沃利幫布朗太太把推車移到店內一個安靜角落。「現在，請告訴我發生什麼事？」他禮貌的問。

「我在報紙上看到這則促銷廣告，就剪下折價券，過來買東西，」布朗太太說，「我以為我能用五折買到這項商品，你看上面明明這麼寫。」

沃利看了折價券，也同意她的說法。「您說得沒錯，這項商品之前在做促銷，但促銷活動上週結束了。你有留意到嗎？」

「沒有！」布朗太太大吼，「我看到折價券就剪下來了，誰會想到上週就結束促銷了。」

「我了解，」沃利平靜的說，「折價券過期一定讓您很吃驚。我可以想像，您原本以為還有促銷才特地過來，現在有多失望。這樣好了，這次我讓您使用這張折價券。您是常客，我之前就常看您來這裡購物。」

「是啊，我幾乎每個星期都來。」布朗太太說。

「謝謝您，」沃利點點頭說，「但我只能通融這一次。從今天起，請記得確認折價券的期限。我會把這件事告訴店裡員工，讓您這次結帳不會有麻煩，但僅此一次，希望未來不再發生這種事，否則我也會有麻煩。這是我們都不樂見的，不是嗎？」他微笑著對布朗太太說。

布朗太太平靜下來。「那是當然，謝謝你這麼通人情。我領的是固定薪水，什麼都漲價，日子真的很難過。」

「是的，沒錯。大家為了生活都得量入為出。我的孩子正要上大學。真不知我何時能把這筆學費繳清！」

「我的孫女也正在念大學，成績好得不得了！」

「嗯，好的。我現在得去把這件事記錄下來，好跟公司說明，」沃利說，「我們回頭見。我會告訴結帳的員工，讓您今天以半價購買那件商品。您不需要拿這張折價券，因為它已經過期了。」

「謝謝你，沃利。」

「不用客氣，我現在就跟結帳員工說。我們回頭見。」

布朗太太有高衝突人格嗎？或許有，因為大部分的顧客不會在店裡如此激烈大聲的爭辯，尤其當折價券已經過期。或許她的情緒總是大起大落，習慣把人分為「大好人」與「大壞人」，並比照對待。

當然，她也可能只是今天過得特別不順利。很顯然，布朗太太過去來過這家店，而沃利不知道她會這麼難纏，或許她平時不是個高衝突型顧客。不論如何，都沒有關係。請記住，你不需要去弄清楚對方究竟是不是高衝突人士。CARS應對衝突法可用在任何人身上。

沃利如何採用CARS應對衝突法？讓我們來仔細看看。

架起橋梁

沃利展現同理心與關心：「請問可以讓我了解到底怎麼回事嗎？我才知道如何幫助您。」他表達願意幫忙她脫離困境，「我可以想像，你原本以為還有促銷，現在有多失望。」他表示理解對方的不滿，這是另一種展現同理心與尊重的方式。

分析選項

沃利腦中有幾個想法：

「布朗太太看起來像是一般顧客，之前我看過她好幾次。」

「她現在看起來像個愛吵鬧的顧客，可能有高衝突人格，如果我堅持不讓她使用折價券，她必然會在店裡繼續大吵大鬧。」

「我可以無條件讓她取得優惠，但這麼做有可能讓她以後都無視折價券效期。我不想這種情況發生，這也不該是個選項。」

「但我可以今天通融放行，並確實讓她知道僅此一次，未來不能再發生。」

雖然沃利沒有把選項寫下來，但他知道把可行的選項想過一遍很重要，然後從中歸納出最佳選項。沃利之前已經做過多次練習，十分熟悉這種決策過程。

有效回應

沃利如何對敵意與錯誤資訊做出回應？他很快指出（但態度友善）折價券確實已過期。但他並沒有強調對方沒注意到是她的錯，他禮貌的告知事實，並且沒有讓對方難堪。

設定界限

沃利跟對方說下不為例。有些讀者或許會擔心，沃利放行一次就像是打開方便之門，未來布朗太太會提出更多無禮要求，意圖操控或惹是生非。不過就沃利所知，這件事是第一次發生，他猜測布朗太太只是一般顧客。

沃利用同理心、關心與尊重的態度進行溝通，並設定界限，確保下不為例。他知道若今天讓顧客憤怒離去，可能就此失去這個顧客，她也可能跑回來鬧事。他的目的是解決衝突，並不是要懲罰她，或試圖教育她，讓她對自己的不當行為有所醒悟。沃利明確告知，未來無法再次放行的「外部原因」，所以設立的界限不是針對她，就不會激起對方的防禦心態。

「我只能通融這一次，否則我也會有麻煩。我們都不樂見這樣的事發生，不是嗎？」沃利讓這句話聽起來友善而不嚴厲。設定嚴厲的界限往往會引起抗拒，因此在對話過程，他的肢體語言也展現了同理心、關心與尊重。

問題解決了，而且沒有花太多時間。沃利藉由跟布朗太太溝通，讓她了解情況，同時給予折價券折扣，迅速改變她的心情，但也同時對未來行為設下界限。

接下來，他需要好好跟年輕的新進員工溝通，以免日後再發生同樣狀況。

讓自以為是的部屬心甘情願聽你的

「凱拉我們需要聊一下。」沃利說，並把她帶到裡面的辦公室。

「我做錯了嗎？你也看到那位婦人對我非常不客氣！」凱拉開始提高聲音，臉上迅速浮現高度敵意。「你最好不要因為剛才那件事責怪我，全都是她的錯！折價券明明就過期了，她卻耍賴！」

「我知道情況棘手，」沃利平靜的說，「我有個建議，你有沒有興趣聽聽？」

「不！為什麼你要批評我？我又沒做錯！」凱拉堅持說。

「我要給你的建議是關於未來，不是要批評過去。你會想聽嗎？」沃利說，不去回應凱拉的激動反應。

「好吧，你有什麼建議。」凱拉說。

「你只要保持平靜，就能讓對方平靜下來。這個訣竅你可用在任何生氣的人身上。所以，遇到狀況，一定要告訴自己保持冷靜。」

「喔，像是怎麼樣？」凱拉說。「當你面對的是像那樣低能的婦人，你怎麼能保持平靜？她讓我幾近崩潰！她根本聽不進任何人說的話！」

「第一，你可以告訴自己：『我沒法控制她，但我可以影響她。』你可以用語調來影響她。」

「我不相信！」凱拉說。

「好吧，」沃利說，「事實上，有個關於醫生的研究，調查為什麼有些醫生容易被病人提告，有些則不會。研究者發現有個關鍵差異，在於醫生跟病人說話的語調。用跋扈專斷語調的醫生，被告機率高，而用關懷語調的醫生，被告機率則相對低很多。當我知道這件事後，我都盡量使用平靜的語調跟人說話，我發現這麼做，大多數時候都有效。」

凱拉沉默不語，腦中掙扎著是否要接受這個新概念。

沃利接著說：「我知道要應付這種狀況讓人心情沮喪，但若你可以學會在對方生氣時保持平靜，大家都會對你抱以尊敬。這也是我希望別人對待你的方式。

保持平靜需要練習。當對方怒氣沖天時，多數人很難保持冷靜，被他們引燃怒火是很自然的；事實上，那是人性。所以，你需要刻意練習，才能在重要時刻管理你的情緒。我知道你做得到。我觀察你過去在工作上學習新東西非常快，相信這次你也能學會。你覺得呢？」

「我想我會試試看，」凱拉有點不情願的說，「但我這麼做十分虛偽，我一向認為應該對每個人誠實。」

「好吧，但不要誠實到忽略對方的感受。我希望你能學會真誠的幫助憤怒的顧客。當你成功做到，會驚訝的發現很有成就感。別忘了，在風暴中保持平靜，最能贏得他人尊敬。只要告訴自己：『他不是針對我』；『我無需對他人的行為負責，只要對自己的行為負責』；『如果我能保持冷靜，大多數人也會跟著平靜下來』。你也可以提醒自己，『如果我不知道怎麼做，就聆聽吧』，這也能讓生氣的人平靜下來。」

「我只是不確定自己做不做得到。要改變自己，感覺是件困難的事。」

「你不需要改變自己，只要記得在遇到像剛才那樣憤怒的顧客時，默念這些句子。你可以用我建議的說法，或自己想出更好的句子，幫你度過困難時刻。」

「我想我會告訴自己『他不是針對我』，我滿喜歡這一句。」凱拉微笑說。

「太棒了！那也是我最喜歡的句子之一，」沃利說，「這句話可以幫你對很多事情釋懷，像是你必須與顧客爭辯，或是向他們證明任何事情時。因為問題不在你身上，而是他們，是他們無法控制自己的怒火，或是沒能詳看折價券上的使用限制。總之，不要覺得他們是針對你。」

「好的，了解了！」

「好了。現在回到櫃檯幫忙結帳吧。我很高興我們有聊一下，因為我們不能對顧客大小聲，我也希望你做好這份工作。你在許多方面都表現得非常好。」

凱拉是否擁有高衝突人格特質？或許有，因為大多數員工不會在店裡激動大聲的與客人爭辯，更何況只是一張過期的折價券；有可能凱拉本來就是情緒起伏很大的人，而當時她又正在氣頭上。無論如何，重點在於，經過沃利的溝通，她日後是否能把自己的情緒與行為控制得更好。

沃利如何採用CARS法與凱拉溝通呢？

架起橋梁

沃利說：「我知道這情況很棘手」；「我觀察你過去在工作的許多方面都學得很快，這件事我相信你也可以學得會。你覺得呢？」這兩句話聽起來充滿同理心、關心與尊重。沃利擅長把這些元素加在對話當中，所以聽起來不會很生硬或像是話術。很顯然，他過去經過多次練習，而且能真誠的使用EAR溝通法與人對話。

分析選項

沃利對凱拉談到數個選項。不同於他與其他資深員工的對話，沃利只是告訴她，她有什麼更好的選擇，而不是要凱拉自己提出來。

當然，最後沃利問凱拉是否能想出一句話，幫她自己度過棘手狀況。這麼做讓她開始動腦思考，而不只是聆聽與回應。

有效回應

沃利如何對錯誤資訊做出回應？他多次提到「保持冷靜」雖然不是與生俱來的能力，卻是個可以學習的技巧。凱拉沒有攻擊他，所以他無須對任何攻擊批評做出解釋。不過，他對凱拉傳達了一個重要訊息：她可以藉由調整自己的反應，影響他人的回應。

身為主管，沃利點出，學習保持冷靜，對凱拉來說非常重要。凱拉過去覺得自己做不到，但經過溝通後，現在她願意試試看。

設定界限

沃利對凱拉說，不允許在店內再度發生對顧客吼叫的情況，但是他沒有嚴厲的強調這點。相反的，他把重點放在未來希望凱拉表現的正面行為。由於凱拉很年輕，沃利與她的關係也不錯，他並沒有拿「如果不服，後果自付」來威脅她，或是責備她過往的行為。

應對高衝突人士最好的方法，是把重點放在未來的良好行為。這對資深員工或初入職場的年輕人都適用。當然，如果情況再次發生，我們可能會判斷她有人格問題、需要更強大的約束，因為這顯示她缺乏自覺，而且沒有能力改變（高衝突人士的關鍵特質）。

請記住：情緒是有感染力的，當面對一個憤怒的人時，被激起怒火很自然。高衝突人士很難自我冷靜，所以你必須表現出讓他們學習的態度，而非隨著他們失控的情緒起舞。情緒控制需要練習，因為那不是我們的直覺反應。

每個人都可以透過學習，做好衝突管理，善用情緒的人必能贏得高度尊敬。

主管喜怒無常，這樣回話才對

瑪麗莎剛進檔案部門時，她的主管非常友善。

「很高興你加入我們。你叫我卡莉就好。我們正需要有你這樣背景的人。如果你有任何需要或問題，歡迎隨時問我，或讓我知道你的需求。這裡就像一個大家庭，彼此會互相照顧。」

瑪麗莎覺得受寵若驚。這正是她夢寐以求的工作，有個關懷部屬的上司、能夠勝任的工作、同事又友善。她希望未來幾個月，能證明自己的能力，然後接下更有挑戰性的工作。

只可惜，好景不常。

幾天後，卡莉突然在大庭廣眾下大呼她的名字：「瑪麗莎，你給我過來！」她的語調裡沒有半點友善。「這是什麼？」她質問並遞給瑪麗莎一個檔案夾。

「我不知道，哪裡出了問題嗎？」瑪麗莎問，她因為恐懼而顫抖。

「這個檔案被你歸錯位了！我為了它，幾乎全公司都找遍了。我還以為你很聰明，現在覺得似乎不是這麼回事。我竟然跟所有的人說你很棒。」卡莉說完，就氣沖沖的走開了。

當瑪麗莎走回座位，有個同事探過身來說：「我們中午一起吃飯吧，我告訴你發生什麼事。但別讓卡莉發現我們談過。」她說完就回自己座位工作。

瑪麗莎覺得一頭霧水，整顆心還被嚇得撲通撲通跳。她該怎麼做？她的夢幻工作，在短短幾分鐘內突然變成一場惡夢。瑪麗莎憂心忡忡的想要了解這部門究竟發生了什麼事。

中午時分，琳達告訴她，卡莉的情緒時常如這般大起大落。她可能前一分鐘對你非常友好，後一分鐘就開始對你咆哮。隔天，又像什麼事都沒發生過一樣，對你極為友善。琳達強烈懷疑這位老闆有雙重人格。

「之後我一定要避開她，」瑪麗莎說，「我不想再經歷有人在大庭廣眾下對我怒吼。我只是把一個檔案歸錯位，而她花了幾分鐘就找到檔案，這應該不是世界末日吧，你說呢？」

「當然不是，」琳達說，「即使你表現完美，她還是可能找出雞毛小事對你吼。那不是你的問題，問題出在她身上。但你也不要避開她，因為你會被孤立，以後她就會針對你攻擊。當你偶遇她，就假裝與她關係很好即可。我們都已學會怎麼與她互動最能相安無事了，那些馬上離開的人除外。」

「『馬上離開』是什麼意思？」瑪麗莎問。

「卡莉的脾氣常把人嚇壞，有人因為她飆怒而立刻決定辭職。我選擇留下，是因為這家公司很好，但我希望能盡快調到其他部門。未來幾週其他部門會開職缺，我希望我能轉調過去。所以你得想清楚要繼續跟她玩下去，或是盡快離開。只是要記住，你是永遠沒法改變她的。她就是這樣的人，暴喜又暴怒，但公司高層都力挺她，對她的缺點視若無睹。」

「聽起來很糟糕！」瑪麗莎驚呼，「對一個會在所有人面前攻擊我的人，我可不想為她工作。」

「當然，你有選擇的權利，」琳達說，「我只是告訴你這裡的遊戲規則。你可以隨時離開，只是這家公司整體來說不錯，你可以把這裡當做轉調其他部門的跳板。不必覺得自己走投無路，她能一眼看出誰內心無助。你必須為自己挺身而出，同時不要讓那些事影響你。」

隔天，瑪麗莎搭電梯時，不巧和卡莉遇個正著。

「嗨，最近一切可好？」瑪麗莎快速轉換心情，愉悅的說。

「一切都很好！」卡莉說，就好像昨天什麼事情都沒發生過一樣。「過去六個月，我們達成業績目標，才剛受到表揚。」

「恭喜你！真是太棒了！」瑪麗莎揚聲說，「這個團隊真是優秀！」

「嗯，事實上，這兒並不是每個人都懂得團隊合作，」卡莉說。「你在這邊最好慎選朋友，這裡有些人總想抓住機會攻擊我。如果你不小心，他們同樣也會對你不利。如果有人說我的壞話，請務必跟我說。好嗎？」

「當然，沒問題。祝你有個美好的一天！」瑪麗莎說，並禮貌的結束對話，走回自己的座位。

瑪麗莎鬆了一口氣，幸好琳達告訴她要表現愉悅、不要躲避卡莉。她發現想要「管理」卡莉，就要經常對她說好話。瑪麗莎已開始留意其他部門的職缺。「我不需要一直待在這裡，」她對自己說，我要以對自己有利的方式離開，不再受卡莉的情緒威脅。

卡莉是否有高衝突人格？她可能有。她的情緒大起大落，一下友善，一下暴怒，而且由來已久，大家都知道她的雙重人格、對她戒慎恐懼。她看起來是典型的邊緣型高衝突人士，在任何情況下都會像火山突然爆發，但也能表現得既友善又迷人。

更嚴重的邊緣型人格障礙者，無法管理自己的情緒，尤其在壓力之下更容易失控，所以他們的情緒會由極端的友善，擺盪到瘋狂的憤怒。由於他們的情緒是如此極端，你必然會注意到，而且會了解問題出在他們身上，不在你身上。即便他們展現友善，也要小心，因為他們的情緒隨時可能爆發。

瑪麗莎如何對卡莉採用CARS方法？

架起橋梁

瑪麗莎說：「恭喜你！真是太棒了！」以及「這個團隊真是優秀！」來回應卡莉提到達成業績目標的消息。這麼做顯示了她的尊重。更重要的是，瑪麗莎遵循琳達的建議，沒有避開卡莉，反而用友善的對話與她架起橋梁，讓卡莉不對她產生敵意。

如果瑪麗莎刻意迴避卡莉或是表現無禮，卡莉很可能會因此攻擊她。瑪麗莎不需要耍心機，簡短、堅定又友善的回應，就可以幫她安然度過每個工作天，不用隨時陷入與高衝突型主管的戰鬥。

分析選項

看起來瑪麗莎已經在思考，當有機會時要跳槽到其他部門。她也在工作上結交了朋友，這對應付高衝突型上司有極大幫助。

很重要的是，千萬不要被孤立或因為別人的情緒問題而責怪自己。

有效回應

瑪麗莎如何對任何敵意與錯誤資訊做出回應？卡莉有敵意，但目前情況似乎沒有什麼錯誤資訊需要她回應，除了瑪麗莎已跟同事琳達確認「歸錯檔案」並不是重大錯誤，然而對卡莉指出這點顯然毫無益處。但知道對方提供的是扭曲資訊（與誇張回應）是好事，你就不會認為對方的行為是針對你。

設定界限

瑪麗莎是否對卡莉設定任何界限？事實上，她有這麼做。她很快結束雙方的對話：「好的，祝你有個美好的一天。」然後快速離開。

記得，你可以表現友善，用同理心、關心與尊重架起溝通橋梁，同時對自己說話的時間、地點與長度設定界限。

邊緣型高衝突人士的情緒常大起大落，要不是一再飆怒，就是喜怒無常。與他們正面對抗或是一味逃避他們，都不是好方法。比較好的策略是：表現友善（用EAR架起橋梁），同時很快的結束對話（設定界限），這麼做你才不會被激怒或是失去冷靜。

再次強調，問題不在你身上，你不必（也無法）向高衝突人士證明任何事。

當然，如果你的職位在高衝突人士之上，為了員工的士氣與生產力，你必須堅定的對他的不當行為設定界限，例如漸進式懲處，或直接解雇；憤怒的邊緣型高衝突人士常常在出現破壞性行為後才離開公司，讓整個組織與員工因此受害。

我們在這一章討論了情緒大起大落的高衝突人士所造成的問題與傷害，如果你身邊也有這種人，不管是你的上司、部屬或顧客，你都可以藉由CARS法幫助他們把事情簡化，並將焦點轉到目前該做的事情上；不要避開他們，也不要讓自己被孤立，你和他們的關係往往能夠有所改善。

8 如何識別反社會人格？又該怎麼應對？

高衝突人士中，最難應付的是反社會型，他們非常擅長操控人心，會在團隊裡搞分裂，但你很難抓到他們的把柄、解雇他們。所幸，他們常會轉戰其他公司，尋求新發展，但往往是在他們造成破壞之後。他們也有可能真的觸犯法律，像是偷竊、毀壞物品等。要約束他們，最重要的是設定界限。

謊話連篇，愛鑽體制漏洞

巴柏受聘進入一家大醫院工作，院方因內部員工推薦而聘用他。巴柏有犯罪紀錄，但他解釋那完全是酒精中毒所致。他表示自己已接受戒酒療程，也遵循法院提出的所有要求。主管傑克覺得巴柏很真誠，認為應該給他一個工作機會。他也讓人資部門知悉新員工的犯罪紀錄。

巴柏個性迷人、樂於幫助同事，廣受病患喜愛。他很快變得極受歡迎，傑克也很滿意，認為自己做了正確決定。

但沒過多久，傑克開始聽到巴柏在散播同事的謠言，或曲解他人說的話。有一次，他對同事說，有位醫生未經診斷就開藥給病人。後來話傳到醫生耳裡，醫生氣得追查究竟是誰造謠。後來查出謠言源頭是巴柏，巴柏辯稱是有病人向他抱怨，說醫生問診時間太短，他只是單純轉述病人的話。事實上，雖然病人總是希望醫生問診時間長一些，但那位醫生並未失職，而且完全符合道德標準。

巴柏似乎很喜歡「離間」病人與醫護人員的關係，因為這麼做讓他看起來像個英雄或維權鬥士，但實際上只是無端惹是生非。

有一次在工作時間，他被發現在上網。他辯稱有人請他協助上網搜尋，很快就會回去工作。沒有人再去確認他說的話，所以他總是全身而退。但他說的幾乎都是謊言。此外，還有許多他說謊或刻意傳遞誤導資訊的事例。

院方向我們請求協助，才發現雇用巴柏是個天大錯誤。巴柏不只謊話連篇，而且精於此道，總能湮滅證據，所以很難把漸進式懲罰流程用在他身上。人事政策也讓他們無法解雇這位難纏員工。

傑克體認到，有必要先了解對方的人格特質，再針對情況做出回應。以目前的情況，他決定先保護自己。他在員工協助方案（EAP）有固定的諮詢顧問，對方常常聽他訴說自己的恐懼與憤怒。諮詢顧問提供的方法，幫助他把巴柏對院內人員的負面影響降到最低。

傑克開始針對不同狀況，寫下簡短、但立場堅定的回應便條給院內同仁，以釐清錯誤資訊，並對巴柏立下規則，設立行為界限。同時，他也體認到必須更常與同仁直接溝通，才可杜絕不實訊息傳播。他發起更多團隊會議，以及辦公室「快速磋商」（huddles）——每次約十分鐘，每個人都站著開的小型小組會議。這些努力不僅遏止問題發生，也讓謠言不再出現。

幸運的是，巴柏在得到更好的工作機會後，終於離開這家醫院。傑克也從這次經驗學到許多教訓。

我們的職場體系設計，難以有效處理反社會型的人格特質，尤其他們很擅長鑽體制漏洞。所幸，員工協助方案給了傑克所需的支持，讓他知道如何應付當下情況，並研擬出應對問題員工的適當策略。

小心，無良是一種病

知名哈佛心理學家史圖特（Martha Stout）在《四%的人毫無良知，我該怎麼辦？》（*The Sociopath Next Door*）書中指出，一般大眾有四%，有反社會型人格障礙。這種障礙在一般社會不易辨識，若有個反社會人士住在你家隔壁，或是和你在同一個辦公室，你或許根本不知道。因為他們總是努力表現得友善、無辜且討人喜歡，讓周遭的人不去注意他們的惡劣行為。以下是史圖特對反社會型人格障礙的描述：

二十五個人中就有一個人是反社會型人格障礙，反社會意指他們沒有任何道德意識。這群人並不是無法分辨善惡，而是他們的行為不會受善惡左右。一般人面對是非善惡，心中會自動響起警鈴，或是激起對上帝的畏懼，但這不會發生在反社會人士身上。我們二十五個人中就有一個人，什麼壞事都敢做，心中沒有絲毫罪惡感或悔意。

當然，在職場上反社會型人格障礙者最鮮明的特質之一，是他們能一再說服別人受騙上當，而且不被抓到。他們強烈厭憎權威，從不遵循職場規範。精神科醫生福特（Charles Ford）在《說謊心理學》（*Lies! Lies! Lies! The Psychology of Deceit*）書中，對於反社會人士的人格特質提供了更多洞見：

具有反社會人格特質的人，因無法忍受沮喪或延遲享樂，往往不願服從任何類型的權威（如軍事、法律與專業）。反社會人士就像小孩，當他們想要某樣東西，就要立刻得到。他們無法自我克制，也不會從經驗中學習，可能會成為罪犯、騙徒，或是連續殺人犯。

上述巴柏的故事顯示的操控行為很像反社會人格特質，但他的行為或許尚未達到犯罪的程度。反社會人士雖以男性居多，不過，接下來要討論的兩個案例，主角都是女性。她們被逮到之前，犯行長達八年到十年的時間，這也讓我們認知到一般人可能被蒙蔽許久，即使是親近的同事與長官也不例外。福特與《精神疾病診斷與統計手冊》等研究估計，七五至八〇%的反社會人士是男性，不過仍有不少的女性有此人格障礙。

幾年前，地區新聞頭版報導了兩名女性盜用公款的故事，因為故事驚人且情節類似，引起艾迪注意。

一位六十二歲的女士，在聖地牙哥公園工作了十年，擔任公園的娛樂總監。她偽造銀行文件私藏保證金，還用理事會的支票償付個人的債務。「我們非常吃驚她會做這種事！」娛樂部理事會主席表示，「她拿走那些錢，讓許多孩子非常傷心。」很顯然，沒有其他員工涉入此案，她的偷竊行為之所以被發現，是因為有人要求退款，但完全找不到紀錄才爆發。你可能認為這女人或許有財務危機才盜用公款，但從報導中卻發現一件弔詭的事，當時她的年薪高達八萬美元，而她十年來被控盜用的公款約僅七萬多美元。

另一個案件主角是一個為當地校區募款的非營利組織總裁。這位四十八歲的女士一開始是財務出納，後來成為總裁，她在八年期間從基金會盜取了十萬美元。她拿走捐款，開支票給自己，然後編造紀錄來隱藏偷竊證據。不可思議的是，在此期間她繼承了家族的五十萬美元，身價達兩百萬美元。

這兩個女人都曾成功騙過大眾，我們無法確認她們是否有反社會人格障礙，不過，我們周遭可能都有騙徒人格的同事或上司，所以請記住他們很擅長籌謀詭計，甚至能讓身邊的人近十年都不起疑心。這兩個女人的周遭友人都很驚訝，她們竟然濫用別人的信任，損害兒童與公眾福祉。

你是否曾被欺騙過？對於反社會人士而言，這類騙徒行為根本習以為常。一般大眾真的需要更留意提防被騙，尤其當我們把錢託付給他們去做事時，更要注意。

遇上這類型的人，如何運用CARS管理衝突呢？

同理心、關心與尊重，可能失效

不幸的是，有這種人格特質的人是此溝通法的絕緣體。本書提到的其他人格特質都有某種程度的同情心，希望與人建立聯繫，他們的許多行為（包括不當行為）是為了博得他人的同理心、關心與尊重。但反社會人士一點也不在乎。他們毫無道德意識，行為完全只圖個人私利。不過，由於你通常不知道對方是否為反社會人士，不妨在一開始給予他們同理心、關心與尊重，但要保持警戒，否則可能面臨被操控的風險（記得要辨識可能的高衝突人格特質）。

當你由高衝突人格的角度思考，會發現人人都可能屬於其中一種，而你過去卻毫無察覺；但也請記住，反社會人士只占所有人的一小部分，以同理心、關心與尊重對待大多數人還是大有好處，只是你必須保持適當警戒。

道德勸說，對騙徒起不了作用

在以上兩個例子，那些負責監管組織的人在盜用公款事件曝光後，才發現他們需要一個更安全可靠的體系。娛樂部門決定在中心設置收銀機，當銷售門票時現場要有兩個員工。

此外，所有員工都需要接受道德訓練。當然，道德勸說對騙徒起不了任何作用。最重要的還是對他們的行為設下限制，包括坐牢與償還侵吞款項。

避免謠言散布，緊密溝通最重要

給團隊或組織書面資訊時，不妨採用BIFF回應（簡短、訊息充分、友善、堅定），這麼做可讓他們了解最新狀況，也能控制謠言與錯誤資訊傳播。

就如本章所述的第一個案例，當巴柏的主管更頻繁給予屬下BIFF回應後，有效遏止了巴柏的行為。當你知道自己應對的是高衝突人士，緊密的溝通格外重要，尤其對方是富有吸引力、善於操控人心，破壞力巨大的反社會型高衝突人士時，這點更是重要。

設定界限，是上策

對不當行為設定界限，這是反制騙徒與所有反社會人士時，最重要的行動。

別忘了，他們毫無道德良知，絕不會自我約束，必須由周遭的人為他們的行為設下限制。這也是為什麼許多反社會人士會鋃鐺入獄。

由於人們往往事前不知道自己交手的是騙徒，在任何組織（包括營利與志工組織）最好都有制衡與查核機制。在上述兩個案例，設定界限的方法之一，是把財務會計做得更嚴謹。想想在你的同事與下屬中，每二十五個人就有一人可能是反社會人格特質，設立好組織架構與流程無疑更重要。

一般人都能接受合理的監督機制，尤其當工作涉及金錢與其他有價值的資產。不論監督哪種職務，都不能全然仰賴信任，否則很可能被反社會人士利用。這也是他們常被稱為騙徒的原因，他們博取你的信任，然後毫不留情的傷害你。

馬多夫的世紀騙局

美國那斯達克交易所前主席馬多夫（Bernie Madoff）堪稱是反社會型高衝突人士的典型例證。馬多夫以快速致富為餌，吸引許多人把錢交給他去投資，委託他操盤的投資基金達數百億美元之多，但馬多夫沒有把投資者的錢用來投資有生產力的企業，反而是利用新投資者加入所產生的收益來支付先期投資者的利息。馬多夫的騙局愈滾愈大，直到二〇〇八年金融風暴，整起事件才曝光。他的家庭因此分崩離析，長子甚至自殺。媒體大幅報導，馬多夫主導騙局沒有絲毫自責與內疚。鋃鐺入獄後，他應該會在獄中度過餘生。

馬多夫的案例，提醒我們在分析選項與設定界限上，有兩件事要注意。

當心太美好的承諾

本書提到大部分的案例，是依據未來行動，亦即未來可採納的選項，來分析方案與選擇。然而，本章的案例提醒我們還必須考量眼前事件的替代方案。由於騙徒在任何情況下都可能出現，最好提醒自己，對目前發生的事件，有多一層的思考與理解，尤其當情況好到讓人難以置信時，更要留心。

從一九九二年到二〇〇八年，美國證券交易委員會都沒有發現馬多夫的騙局。很顯然，馬多夫早在一九六〇年就開始集資，謊稱保證有一三%到二〇%的高回報率。然而到了一九九〇年代初，已然出現舞弊警訊。二〇〇九年證交會進行內部調查，承認以下幾點疏失：

證券交易委員會在過去多年收到大量詳細、具體的指控資料，要求對馬多夫與馬多夫證券投資公司進行完整徹底的調查，以釐清該公司是否從事龐氏騙局。雖然經過三次調查與兩次偵查，卻沒有一次是夠詳細徹底。在一九九二年六月到二〇〇八年十二月（馬多夫坦承罪行的期間），證交會共收到六次實質投訴，對於馬多夫避險基金操作提出重大警訊，證交會早就應該質疑馬多夫。

從一九九二年第一次調查，證交會就只把重心放在馬多夫提供的有限且看似可信的紀錄上。「如果他們向DTC（一家獨立存款信託公司）蒐證，就有很大機會在一九九二年揭露馬多夫的龐氏騙局。」

然而，證交會針對投訴的偵查，卻只一再接受馬多夫提供的證詞與證據。為什麼他們如此盲目？報告指出，證交會主要是敬畏馬多夫在市場上的地位。一位在二〇〇四與二〇〇五年負責偵查的人員，在之後受訪談及這段經驗：

馬多夫是產業的先驅，他運用科技把交易帶入另一個境界。確實，當我走出他們的辦公室，心裡充滿無限驚嘆。這個人做的真是第三市場，他的交易量是證交會的百分之X（有五〇，他之後強調）。

他們因此對馬多夫的自評報告深信不疑，而且感到驚嘆。就如之後許多新聞報導指出，對具備反社會型人格特質的人而言，這是個他們可以盡情表現的完美舞台。調查員應該對這種類型的人多加了解，就會更認真審查，以其他方式分析、解讀馬多夫案。

所有的組織都應該從這個案例汲取教訓，即便是對身居高位的人也應該加以查核，尤其當他們提出的方案美好到不近真實時更是如此。這是反社會人士特有的警訊：魅力與成就都「太美好而近乎不真實」。對此我們必須保持疑心，可能蒙受的損失就會少很多。

愈早設定界限愈好

證交會如果在一九九二年就對馬多夫設下界限，他造成的損害將會減少很多。這是與所有高衝突人士相處的一般原則：愈早對他們設定界限愈好。

如果有個重要員工很可能是高衝突人士，最好及早對他設下界限，讓他可以在組織規範下發揮他的有用技能。不過，有不少反社會型高衝突人士因缺乏道德良知，最好一開始就審慎評估是否雇用，或愈快從組織中剔除愈好。

在所有人格特質中，反社會人士因為缺乏良知，造成的殺傷力最大。你不該默許他們存在，也不必試著理解他們，或是想讓他們改邪歸正，因為這些努力都將徒勞無功。

有專業卻無道德，各行各業都有騙徒

事實上，各行各業都有騙徒或反社會人士，他們往往可以長期隱瞞罪行而不被抓到，甚至退休了還沒被發現。雖然每個職業與職務都有為其執業行為設下道德標準，但多數仍賦予工作者高度的自主性，因為相信專業人士會自律，不會做出違反職業道德的事。不幸的是，這個做法並未考量到反社會人士根本缺乏道德意識，他們不把專業榮辱放在心上，只關心自己的利益與福祉。

艾迪在二十多年前進入律師行業時，就發現有同儕具有反社會行為，幸而人數並不多。這些律師以不道德的手段做事，但因手法高明，未被抓到也未受到任何懲處。法律界雖已注意到這個問題，不過為了避免在客戶前形象受損，主要還是仰賴柔性說服來提升道德標準。這表示一些不道德的行為將持續發生，直到處罰機制發揮作用的那一天。

專業人士的狐狸尾巴

「我將在離婚官司中代表歐布萊恩先生，」新手律師戴維斯代表客戶在對方太太律師的手機留下語音訊息。「如果你有任何文件要寄給他，他說我可以代理收件。請直接寄給我。」

三天後，歐布萊恩先生怒氣沖沖打電話給戴維斯。「我剛剛在辦公室二十幾個員工面前簽署了我的離婚文件，旁邊還有兩個武裝執法官！我覺得丟臉極了。到底發生什麼事？」

「什麼？」戴維斯驚呼。她跟客戶表示，有留語音信息給對方律師，但不明白為何事情會變成這樣。掛斷電話後，她打給對方律師。這次他接了電話。

「為什麼你找了兩個武裝執法官到我客戶辦公室要他簽文件？」

「放輕鬆，」對方律師奧斯瓦德說，「我想我是太忙了，忘了叫執法官不要過去。這沒什麼大不了。你沒事的，不要大驚小怪。」

戴維斯掛上電話時，簡直氣到冒煙。幾個月後，原本她要去聽取歐布萊恩太太對財產分配相關事宜的法庭證詞。歐布萊恩先生卻和奧斯瓦德一同來到她的辦公室。當戴維斯過去跟奧斯瓦德握手時，他卻背對著她坐下，並隨手拿起一本《運動畫報》後，才把文件給她：「這是你要的證詞，有什麼問題就快問吧！」然後開始翻閱雜誌，偶爾抬起頭，對戴維斯要問他客戶的問題說「反對」。

有一天在法院暫時禁制令的簡短聽證會之前，奧斯瓦德把一疊法院文件往她身前一撒，文件散落一地，她只好彎腰下去撿。正好法官走進法庭，一眼就看到她手忙腳亂的樣子。在簡短的聽證會上，奧斯瓦德對法官抱怨戴維斯不斷用信件轟炸他，一天到晚跟他提出種種要求。事實上，這是他對她做的事，所以她也提出同樣申訴。然而，法官卻看著戴維斯，皺著眉說：「我不想聽兩造代表彼此間的紛爭。」好像全是戴維斯的錯。

當案件討論將近結束，已經花了很長一段時間審理，奧斯瓦德卻向戴維斯要求延長審理時間，因為在取證程序中他要再給她一些文件。戴維斯禮貌的同意延期。但之後戴維斯有類似請求，奧斯瓦德卻數天不予回覆，之後甚至直接回絕。

這些算是反社會行為嗎？很接近，反社會人士大部分時間都是遊走在他人的忍耐邊緣，因此他們即使施行詐術，仍能全身而退。若單獨看，每個行為只是有點擾人，但加總起來就是一種騷擾或霸凌，反社會人士是最嚴重的霸凌者，因為他們精於此道，而且懂得掩人耳目，這也讓受害者倍感沮喪。

不過，戴維斯已發現對方的反社會人格特質，並決定調整她的應對策略。她對以下幾點了然於心：

- 問題不在我身上，而是出在他的人格特質。
- 我不必跟他講道理，跟他說他的行為有多麼不適當。
- 當眾對他生氣沒有任何好處，只會讓我在大庭廣眾下出醜，讓他更得意。
- 我必須保持堅強並尋求支援，如此我才能保持自信，他想讓我不堪負荷，

我一定不要讓他得逞。

她向熟悉奧斯瓦德的伎倆、應對經驗更豐富的律師求助。「他是很聰明，但沒有什麼真正的朋友（這是高衝突人士的常見特質）。他擅長隱藏狐狸尾巴，所以你必須專注研究好自己的案件，而且要比他更懂，」一位律師對她建議，「他不會仔細注意案件的事實細節。法官會在審理期真正花時間了解案情，那時你的表現可以讓他相形見絀。」

「我由衷希望能讓這案件平順解決，」她說，「事實上，沒有太大的事項需要極力爭取。」

「儘管如此，你必須先準備好與他對抗，要表現得跟他一樣肯定積極。這表

示不論他編造什麼謊言，你都要不斷提供正確資訊給法官與其他專業人士。」

戴維斯決定採用CARS來應對奧斯瓦德。

架起橋梁

開庭前有一場調解會議，在他們與委託人一起會見調解員前，戴維斯友善的與奧斯瓦德打招呼。調解員是一位經驗豐富的家庭律師，他會對這起離婚官司提出評估，並鼓勵兩造和解，但無法要求他們做任何決定。在調解會上，戴維斯清楚明白的提出事實證據，調解員很欣賞她提供的資訊，以及多數議題上的法律論點。她在整個討論會期與奧斯瓦德的互動都保持平靜與尊重，連調解員都對她的條理分明讚譽有加。

分析選項

戴維斯做足功課，並與歐布萊恩一起對每個議題的選項做出分析。她讓他明白自己在哪些事項可能會贏，哪些可能會輸。他們協議，不論奧斯瓦德如何挑釁，都要保持平靜，而他們提出的方案也很合理，相對之下奧斯瓦德的提議就極端多了。調解員很快就了解哪邊比較明理。

有效回應

戴維斯練習在面對不合理的態度和言論時，以提出具體資訊來回應，不去理會那些人身攻擊。她把焦點放在事實與具體資訊上：「那點在這案件上並不正確。這件事的實情是……當時發生的即是如此。」藉著簡潔、資訊充分，友善且堅定的陳述與態度，戴維斯與她的客戶贏得調解員的尊重。就連在整個調解會議中都對律師言聽計從的歐布萊恩太太，也對她的表現印象深刻。

設定界限

戴維斯在調解會議前，對所有議題做了周全準備，因此她能自信的表明她的委託人在某項議題上的底線是什麼，當奧斯瓦德提出不合理方案與要求時，這點格外有用。她在強調重點時，完全不需要動怒或提高聲量；在過程中保持平靜與自信，也讓她看起來更具權威。

有些議題在當天已經達成協議，但有些議題還是得上法庭。她遵循同樣的方法，並在大部分的重大議題上成功說服。在這次官司後，奧斯瓦德就與客戶分道揚鑣了，但戴維斯在歐布萊恩日後需要法律諮詢時仍受對方倚重。

小心詐騙，保持警戒

騙徒或反社會人士可說是最難應付的人格特質之一，不論在職場或其他領域皆然。不過，即便面對的是這類人，自信堅定的運用CARS衝突管理法仍有極大助益。重點在於，要對他們設定界限，因為他們可能做出讓人震驚的離譜行為。反社會人士不在乎你是否與他們架起溝通橋梁，雖然他們一般喜歡別人的關心與尊重，但不在乎別人對他是否有同理心。

應對這種人時，分析選項很重要，因為他們的行徑常讓人沮喪困惑，有時甚至帶有危險性。最好向外取得支援或諮詢，局外人常能賦予你不同的處理角度。

在應對這類型的人時，學會運用具體資訊回應，效用也很大，因為反社會人士總是不斷編造極具說服力的謊言。永遠不要低估反社會人士說服他人相信「你瘋了」的能力，當你指出他們的行為問題時，他們必然表現得一臉無辜。

反社會人士極具侵略性，你在設定界限時會需要他人幫助，而且動作要快，因為他們往往會帶來嚴重傷害。你有很多重要的東西可能被他們騙走或被侵犯，像是金錢、聲譽、朋友或人身安全。切記，不論對誰，都要保持合理的警戒心。

當你小心謹慎要求核實對方提供的資訊，一般人通常都可以接受。事實上，這也是個有用的訊號：**當你設定合理的界限或是要求更多資訊，卻引起對方極度不悅時，那他們可能對你有所隱瞞。**

本章案例主角原本被眾人信賴，卻都不值得信任，那就是騙徒的能耐。你會發現他們存在於職場（以及任何地方），可能是員工（巴柏）、主管（兩個盜用公款的總監）、專業人士（奧斯瓦德），甚至老闆，像是馬多夫就一手摧毀了他的公司、所有員工的生計，以及數千個信任他的投資人。

9

面對戲劇化挑釁，該怎麼穩住？

今日職場對有戲劇化人格特質的人來說，就像個吸引力超強的大磁鐵。他們往往有以下行為表現：亟欲成為眾人關注焦點；到處訴說精采且戲劇化的故事，然而內容真假難辨；情緒高低起伏劇烈。

他們可能是你的上司、下屬、同事或顧客，不論扮演什麼角色，他們說起話來總是滔滔不絕，搶占眾人的關注，一般人很容易被他們的故事吸引，甚至非常入戲。讓我們來看看這些情況是怎麼發生的，以及你如何運用CARS法管理他們引發的衝突。

別讓問題主管阻礙你

薩萊在州政府任職，最近她所屬的大型部門換了領導人。新主管瑪歌是一個性格非常戲劇化的人，既誇張又敏感，時時在尋求他人關注。跟瑪歌相處，常讓薩萊感到萬分沮喪、筋疲力竭。雖然她的上司馬克很平易近人，但組織的風格往往取決於領導人，而瑪歌的風格，就是超級戲劇化。

瑪歌上任後召開了多場會議，但很少能決定具體的行動方向。她最近宣布每個人每月都要輪夜班，但沒有提供具體細節。許多職員都是單親家長，輪班突然改變會對他們的家庭生活帶來極大衝擊。

其他人如薩萊等較年長的人，則擔心自己無法適應班表的巨幅改變。他們已請示瑪歌多次，但仍感到無所適從。瑪歌的回應總是帶著強烈情緒，卻缺乏實質的內容，對於做法也沒有明確指示。

薩萊向員工協助方案（EAP）的顧問求助，他們都接受過CARS法的訓練。他們建議薩萊可以下列方式應對她的高衝突型主管？

架起橋梁

當兩人直接溝通時，薩萊會以同理心，關心並尊重瑪歌；當瑪歌開始抱怨或對執行問題飆罵，薩萊會冷靜的對她說：「這確實很難，聽起來真令人沮喪。」雖然只是簡單幾句話，但瑪歌似乎喜歡聽到薩萊這麼說，或許她感受到被人了解，有時真的因此變得比較平靜、友善。

分析選項

薩萊與EAP顧問瑪利亞分析各種選項，包括留在原機構，但換個部門。我們幫助她以下列問題分析選項：

- 選項是否實際且在執行上可行？
- 是否能有效解決問題，或至少改善問題？
- 需要其他人配合嗎？能仰賴他們的幫助嗎？不要把別人的合作視為理所當然，要一個個去確認。

- 優點與缺點各是什麼？明確列出，並標示每個優缺點對她的重要性，如3分代表非常重要；2分代表有點重要；1分表示不太重要。
- 最可能出現的意外狀況是什麼，要如何因應？
- 還應該做哪些事，來確保這個方案成功？
- 方案中每個步驟的時間表各為何？
- 她的價值觀與個人偏好是否與這個選項契合？

薩萊最擔心的是，換部門很可能會讓她的薪資被調降。這讓她憂心忡忡，她希望能維持高薪，因為再過四年，她就可以退休了。但當她進一步了解後，發現退休俸是由最高薪的兩年計算，她決定只要能換部門，薪資被調降也沒關係。

在與EAP顧問討論上述問題後，薩萊取得丈夫的支持、直屬上司馬克的祝福與換部門核准。她的下一個挑戰，是要請調到哪個部門。

在做足功課後，薩萊發現有兩個部門在「管理有方」「員工友善」「有效率」等項目，獲得同儕的高分評比。她之後又與瑪利亞討論了一些個人問題，包括：

考量現階段她對家庭的責任，哪種工作的時間安排對她最適合？勝任新職務需要怎樣的拚勁？是否需要為新職務學習新的電腦技能？

例如薩萊可接受週六工作，週日與週一休假，但她不想要輪夜班。幾年前，在上一個職務時，她很享受開車送她負責的家庭成員赴門診就醫。然而如今，她年紀大了，覺得開車壓力很大，寧可待在辦公室工作。

在經過數次諮詢，與瑪利亞深度討論這些議題後，薩萊決定要休假好好思考新的職務選擇。休假過後，她帶著愉悅心情再次會見瑪利亞。她決定申請轉調至另一個她過去曾工作多年的部門。她在那個部門還有朋友，他們都對上司與工作量十分滿意。

有時，最實際的做法是按兵不動，用「一〇％法則」漸進的改善情況，不過有時，換職務是更好的選擇。經過數星期的申請，薩萊順利的在另一部門展開新生活。雖然這麼做讓她年收入減少數千美元，但這個決定讓薩萊更快樂，而且重獲心靈平靜讓她覺得很值得。

有效回應

瑪歌並沒有對薩萊表現得特別憤怒，或散播跟她有關的不實訊息，但她常表現出戲劇化情緒，對任何事都過度反應，總是讓人萬分緊張，當問題發生時，尤其愛指責別人，不過，這類型的人往往不記得之前對誰暴怒。

因此，對瑪歌特定的極端言論，薩萊決定直接忽略，不去回應，因為瑪歌很快就會把這些事拋諸腦後。

設定界限

薩萊對上司設定界限的主要方式，就是換部門。但如果她必須留下來，就得尋找其他方法，來限制瑪歌戲劇化行為對她工作的影響。幸運的是，薩萊並未受到特別攻擊，她只是身處於一個時常因主管情緒起伏而筋疲力竭的部門。

有時，從原本狀況抽身，是設定界限的最好辦法。如果你體認到高衝突人士不可能改變，而你有機會能夠從他的混亂統治中抽身，請務必把握！

老闆急躁決絕，如何快速安撫？

好萊塢知名的不只是演員，還有演員的戲劇化人生。茱莉完全符合這樣的描述，而且具備了戲劇化人格的所有要件。她的個人助理溫蒂，必須協助收拾她造成的混亂，包括她想像出來的。

「我的項鍊呢？」有一天，茱莉從她寬敞的豪宅跑下樓時如此大喊，「我上週才看到它。」她一邊衝進溫蒂位於二樓的辦公室，一邊大聲說。

「我簡直不敢想像它竟然不見了！」茱莉大喊。「你知道嗎？我敢肯定一定是那新來打掃的人偷走的，她叫什麼名字？早知道就不聘用她。當你雇用外國人，就該知道一定會有問題！該怎麼辦？我今晚想戴那條我最愛的綠寶石項鍊！溫蒂你得幫幫我，一定得幫幫我！」

溫蒂已經很習慣茱莉的歇斯底里，甚至擔心這位老闆有天會得心臟病。溫蒂決定保持冷靜。

「告訴我，你上次在哪裡看到這條項鍊，」溫蒂一邊說，一邊站起身，「讓我們一起來找找。」

「你必須把她開除！我再也不想看到那個打掃的女人。都是她的錯！我就知道事情一定會出問題。事實上，當我第一次見到她時，就有種奇怪的感覺。我甚至打了個冷顫，打從內心發抖，我想她讓我想起早年看過的一部恐怖電影！你一定要把她趕走，馬上趕得遠遠的。告訴她，再也不要踏入我家大門一步。」

「你是不是把項鍊收在臥室的保險箱？你上次提過，要把它收在那邊。你查看過了嗎？」溫蒂問。

「當然啦，你真夠笨的！你想我為什麼生氣，就是我去看卻發現不見了啊！你覺得我是傻瓜嗎？我必須找到那條項鍊，每次我戴上它，就博得眾人讚賞。事實上，我想他們稱讚的其實是我的上圍，只是不好意思說。我的意思是，只要有本錢，就應該大方秀出來對吧！」

「讓我們來徹底找一下你的臥室。」溫蒂說，禮貌的拉拉茱莉的手臂。

「別碰我！」茱莉尖叫往後退，「我說過，我脆弱時絕對不要觸碰到我。」

「喔，沒錯，我忘了。」溫蒂平靜的說，「你檢查過辦公室保險箱了嗎？說不定你最近把項鍊換了位置。你覺得我們該從哪裡開始找比較好？」

「我還沒檢查辦公室保險箱。我從來不會把首飾放那兒。你呢？小笨蛋。」

「那我們來你的辦公室找找。你必須打開保險箱，我不知道密碼是什麼，也不想知道。」

「你認為我會指控你偷竊嗎？會嗎？會嗎？你是我的靠山，沒有你，我簡直活不下去。我每天的生活都超級倚賴你。」

「好的，茱莉。試試這保險箱，看我們能找到什麼。」

茱莉轉了辦公室保險箱的密碼鎖。一打開來，映入眼簾的就是一箱茱莉的項鍊，包括那串綠寶石項鍊。」

「它怎麼會在這裡？」茱莉大喊，「是誰放進來的？」

「別忘了，你最近把這些拿去清理。我記得妳把這些項鍊收在辦公室。很可能它們清理完送回來後，你就放進保險箱。或許你正在辦公室處理其他事，就暫時把它們放在那裡。」

「好吧，但我還是要你開除那個打掃的人。現在我終於可以鬆一口氣了。我完美的項鍊終於找到了！」

「現在問題都解決了嗎？」溫蒂問。「我得回辦公室把你下個月的行程安排妥當，晚點再處理打掃阿姨的事。現在找打掃人員很困難，或許我們可以先列出更換打掃人員有哪些優缺點再說。」

「喔，好吧，隨便你，」茱莉一邊說，一邊專心撫摸著她的項鍊。

架起橋梁

溫蒂通常都是靠著保持冷靜，並採用EAR溝通法搞定老闆。她也會用正面的話語，不斷提醒自己目前的狀況：

「她不是針對我。」

「問題本身不是最大問題，而是茱莉缺乏自我管理的能力。」

「她付給我優渥的薪水，若她不是這番德性，我可能得不到這份工作。」

「總有一天我可以離開這裡，去其他地方工作。」

分析選項

溫蒂的工作之一，是當茱莉反應過度時幫她思考其他可能選項。茱莉顯示兩種高衝突人士常見的認知扭曲：非黑即白的思考模式，以及遽下結論。

在上述場景，茱莉馬上認定是打掃的人偷了她的項鍊。溫蒂沒有與她爭辯，只是把焦點放在目前要做的事情上。之後，她會與茱莉討論並列出更換打掃人員的好處與壞處。她知道當茱莉氣消時，比較能專心思考。

回應敵意或錯誤資訊

茱莉顯然喜歡到處責怪他人。溫蒂對應的方式，是平靜的詢問其他可能性，例如「讓我們來仔細搜尋一下你的臥室」；「你檢查過辦公室保險箱了嗎？」

她的應對簡短、資訊充分、態度友善，而且立場堅定。她避免對茱莉的任何負面言論做出回應，像是「你真夠笨的！」「我好討厭你這點」。藉著忽略對方的負面言論，溫蒂把焦點完全放在釐清資訊上，往正面的解決方向引導，既安撫了茱莉的情緒，也確保事情能有效解決。

設定界限

溫蒂冷靜的把茱莉的焦點，導向問題解決的方向。她或許能藉著和茱莉一起列出更換打掃人員的優缺點，成功阻止茱莉開除人。事實上，要幫茱莉找到打掃的人愈來愈困難，因為茱莉愛指責人的毛病已惡名遠播。當茱莉檢視優缺點清單時，溫蒂可強調留下這位打掃人員的優點，以及這麼快又重新找人的缺點，是否會有人來應徵還是個未知數。

列表能幫助茱莉冷靜，溫蒂已經知道遇到狀況時，如何與情緒化的茱莉一起面對狀況，解決問題了。

上司沒安全感，你要如何穩住情勢？

詹妮絲是一家大型生技公司的高階主管。她最近才加入這家公司，卻發現自己面臨職涯中首次無法認同上司的窘境。上司傑克是詹妮絲工作部門的副總裁，直接對執行長報告。

詹妮絲很快發現，傑克喜歡對其他主管與高階經理做出誇張評論，那些評論不僅有損他人名譽且極不適當。例如，「你知不知道那個人在幾天前被看到跟一個女人上酒吧？」或「你知不知道那個人因信用紀錄太差，貸款被拒？」他會在一對一會議發表這些評論，有時也會在小組會議對那些直接跟他會報的下屬嚼舌根。詹妮絲不知道這些故事是傑克杜撰出來的，還是真的，這些話讓她覺得既不舒服也不適當，但傑克看起來卻很享受散播謠言與八卦獲得的注目。

每當傑克派給詹妮絲專案，之後卻又常無預警的把部分工作拿回去。詹妮絲問起原因，他總說是執行長指示要專案提前完成，請傑克協助達成目標。詹妮絲認為，即便時間提前，她也有能力完成，同時開始擔心上司質疑她的能力。好幾次傑克都把詹妮絲的功勞據為己有，也從不表彰她的貢獻。

詹妮絲也發現傑克常違反規定，甚至扭曲事實來確保情況對他有利。他私下對詹妮絲說，擔心惹執行長生氣，執行長常瞪著他威脅要讓他走路。

詹妮絲從沒親眼見過這樣的對話，因此思忖：那些場景究竟是傑克的想像，還是真實的？如果是真的，她必須與公司一堆高衝突人士交手。如果是假的，傑克等於破壞執行長的名譽。但詹妮絲決定先不把這些憂慮告訴任何人，藉此和這齣戲保持距離。

詹妮絲運用EAR溝通法與傑克架起橋梁，在一次一對一會議中，傑克向詹妮絲坦言，為了保住工作，承受很多壓力，覺得自己成了執行長發洩怒氣的沙包。這次會議後，詹妮絲覺得傑克開始信任她。

一週後，詹妮絲的弟弟因騎摩托車發生嚴重車禍，靠呼吸器延續生命。詹妮絲以電郵通知傑克家裡狀況，整個週末都在加護病房陪伴弟弟。一開始，她的上司很明理。他回信表示了解情況的嚴重性，允許她花時間協助家人。詹妮絲表示，會盡力回覆每封郵件，盡可能不耽誤工作。

四十五個小時過後，因復甦機率渺茫，家人決定取下弟弟的生命維持器，但須再等兩天直到他的孩子抵達。當詹妮絲將此訊息傳達給傑克，他卻惱火的要求她盡快回來上班。當詹妮絲表示不確定是否可以離開時，他明白告訴她，她不符合休假規定，她進公司的時間太短，還未達到有薪休假的資格，而且他弟弟尚未過世，也不符合喪假資格。

傑克告訴詹妮絲，還未把情況呈報執行長，他不確定執行長會如何反應，也沒辦法為她爭取什麼。詹妮絲只能隔天回來工作，下班後再去陪伴家人。

詹妮絲再次尋求顧問協助，她的情緒煩亂，身心俱疲。顧問建議她去找醫生評估身體狀況，有需要就請假。醫生鼓勵詹妮絲去參加喪親的支持團體。

在弟弟下葬後，詹妮絲沒有因為弟弟過世再次請假。她在工作上無法專心，不是因為喪親之痛，而是上司對她粗魯無禮且暴躁易怒。

有天，她在傑克辦公室門外等候，一位同事過來問候她，她表示自己一切都好，但在同事眼中，她仍舊疲累不堪且情感脆弱。當詹妮絲離開，傑克問起那位同事他們剛才聊什麼。同事說，他們只是閒聊近況，傑克便說：「我看她只是藉機偷懶吧！」

詹妮絲與傑克的關係日益緊張。在數個會議上，傑克甚至用貶損人的態度來討論詹妮絲的工作，而且要別人對她已完成的工作做出更動。雖身為高階主管，詹妮絲所有信件都要經過傑克的審核與批准，才能寄給管理團隊的成員。很顯然的，傑克想要成為執行長唯一的對外窗口。

詹妮絲的部分工作，是對執行團隊的成員提供各種協助。每次她在執行團隊要求下會面之後，傑克都會馬上聯絡她，想知道他們到底討論什麼，以及詹妮絲答應了哪些事。有天傑克給了詹妮絲一份表單，要她寫出每個專案所花的時間，然而管理人員往往不需填寫這份表單。在這般微管理下，詹妮絲決定重新審視手中的選項。

詹妮絲想到幾個可能選擇，卻發現離開這家公司或許是最可行的方案。她花了一些時間，想清楚這麼做的優缺點，最後決定遞出辭呈，展開新人生。

詹妮絲離開後，傑克把她的工作交給一位他視為明日之星的團隊成員。短短一個月，這個人就發現傑克的行為模式：因擔心執行長對成果不滿，以及憂慮其他管理階層提出不同意見，於是在會議上刻意貶低他人的工作成果。不到兩個月，這個人也離開公司。

雖然一般人覺得女性比較容易表現出戲劇化的人格特質，但最後這個案例顯示男性也會有類似症狀。

10

自卑又自大、熱情又多疑的偏執人

心理學教授卡法歐拉（Alan A. Cavaiola）與拉文德（Neil J. Lavender）在《毒型同事》（*Toxic Coworkers*）一書中，提到擁有偏執型人格障礙的人，是最愛興訟的人：

擁有偏執型人格障礙的人喜歡成為群體的一份子，卻又缺乏應有的能力與對人的信任。他們總是從外觀望，因此在工作團隊中反而顯得疏離而孤立。他們總是擔心別人會竊取自己的點子，或是搶占他們的功勞。因此，與他們溝通時，必須講清楚你的目的，以及做事的人一定會得到哪些獎賞。也要小心，若他們覺得自己蒙受不公平待遇，可能會對你抱怨，甚至提出訴訟。我們發現大多數的法律訴訟，都是這類型的人提起的。

用對方法，就能讓孤僻的人融入團隊

小喬是藥物濫用治療計畫的學員，他的行為頗符合偏執型人格特質。他被指派加入德莉的諮詢小組；德莉是個經驗豐富、能力出眾的輔導員。

第一次加入小組討論時，小喬獨自坐在角落，既不主動與任何人交談，就連眼神接觸也沒有。輔導員試著邀請小喬加入討論，他的回應總是非常簡短，讓人覺得莫名其妙，甚至感到憤怒。他顯然根本不想來參加討論。德莉對這樣的反應了然於心，因為法院指派課程的學員往往都滿腔怒火，尤其在第一次小組活動更加明顯。

但德莉發現，在接下來一個月的小組討論會，小喬變得愈來愈消極。他沒有在過程中更放鬆或增加參與，肢體語言與臉部表情反倒更不友善。德莉感覺他不僅像是烏雲籠罩，而且神情陰鬱。小組成員開始私下對輔導員抱怨，表示小喬讓他們感覺很不舒服。

德莉私下約見小喬，鼓勵他參與討論對話，但他還是緊閉心扉，不願與人談論。小喬持續他的消極行為，小組成員開始公然向輔導員提出抱怨，當小喬在場時，他們感覺不自在，甚至在小組討論筆記上寫下他們的不滿。

為減輕小喬對小組帶來的負面影響，德莉要求他去見醫療主任馬修。馬修找來小喬與輔導員。德莉禮貌的說明了情況，以及小喬消極行為對小組帶來的負面影響。由於這項計畫有一條規則，就是要求每位成員要有適當的參與，而「參與」可從好幾個面向解讀，但顯然小喬沒有遵守這些行為準則。

德莉告訴小喬，學員可以在討論會上對主題發表意見，完成關於該主題的寫作練習，或是寫小組筆記，列出他對討論議題的回應。但小喬沒有用上述任何一種方式參與。德莉用關心與溫和的態度，形容小喬對其他組員的冷淡、不回應、無禮、不耐煩與不支持。德莉說：「小喬的訊息很清楚：不要來煩我，我對你們一點也不在乎。」每當她詢問小喬是否願意回應或評論別人的發言，他總是斷然的說「不」。馬修於是採用CARS衝突管理法和小喬對話。

架起橋梁

首先，他對小喬的處境表現同理心，表示「與一群陌生人一起參加法院強制指定的課程，確實讓人壓力大且心情煩躁。」

分析選項

但馬修接著分析小喬的選項並設定行為界限，小喬有幾個方案可考量：

- 他可以和目前的輔導員一起換到另一個組，讓他有個全新開始。
- 他們也可以把他換到新小組，搭配不同輔導員，繼續完成這項課程計畫。
- 若他想要諮詢外部心理師，進一步了解他經歷的潛在感受，可以請假。
- 如果他再也不想參與這個課程，可在不失去學分下，轉上另一個課程。

回應訊息

為了避免傳達錯誤資訊，馬修提醒請假（選項三）會延後課程結束的時間；他也講明，如果小喬選擇選項四，其他課程的要求將與目前沒有兩樣。

設定界限

馬修也告訴小喬，他沒法繼續留在原本的小組，因為太多人抱怨他的態度讓他們感到不舒服。他請小喬考慮他剛才提出的其他選項。

馬修繼而設下更多明確界限：如果小喬不趕快改變行為舉止，將被課程排拒在外，沒有機會再回來，而且他必須再次跟法官協商，找另一個課程計畫加入。

小喬最後決定加入新的小組，並有了新的輔導員。德莉祝他好運後就離開了，另一位在旁待命的輔導員加入會議。他熱情的和小喬打招呼。馬修很快重新檢視情況，並設定新的期望目標。他告訴小喬，與新輔導員要在兩週後回來找他，他們會檢視他的進展。馬修表示，如果事情進展順利，下次會議只需五分鐘；若情況相反，他就要啟動把小喬退出課程的流程。

馬修請新輔導員和小喬講清楚，會如何評估他在小組的參與度，以及怎樣的行為才適當。輔導員說明了與前一位輔導員一樣的評估標準，並問他有什麼想法，小喬回答：「好的，給我個機會試試。」相較之前會談時，他的沉默不語，這是非常正面的回應。

最後，小喬在新輔導員帶領下，順利完成了課程。他的態度軟化了，當輔導員問他問題，他的回答仍然簡短，但還算適當。藉由採用CARS法，馬修成功改善了一位退縮又偏執的學員。

找出憤怒原因，化解敏感多疑的人

在另一家治療中心，有位難纏的學員甄妮，不但時常發怒，對課程人員也很敵對、不信任。她是一位中年專業人士，要求中心讓她密集上課，從一週一次增為一週兩次，以早日完成團體課程，但遭到拒絕，因此十分惱怒。計畫總監克勞福德解釋說，因為她是法院要求強制參加的學員，必須遵守課程規定，無法核准她的要求。

即便課程人員好言相勸，甄妮的怒火仍不斷上升。她要求與計畫總監再次討論這個問題。克勞福德坐下和她晤談，甄妮滔滔不絕批評當地警察與司法系統數分鐘之久，再次重申希望能在更短時間內完成課程。她質疑法官的命令太僵化，「只要我能完成課程就好了吧，每週一次或兩次有這麼重要嗎？」

架起橋梁

「我完全了解你內心的沮喪，」克勞福德說，「你想加速完成這項課程，是否有特定的原因？」

「是的！」她加強音量說，「我安排了一趟重要的商務旅行，至少要出國三十天。我希望在出發前，完成這個課程。」

很顯然這趟商旅對她非常重要，克勞福德也認同這點。克勞福德展現同理心，讓甄妮冷靜了下來，並建議一起檢視還有哪些選項。

分析選項

他們在一個圓形會議桌並肩而坐。克勞福德運用CARS技巧，邀請甄妮一起討論現有選項。雖然根據州法，她不能把課程密集上完，但她可以在出國期間請假，只要提供相關文件即可。

但甄妮不想讓老闆知道她遇上法律問題，所以當她第一次從工作人員口中聽到這個選項時，選擇直接忽略。

回應訊息

克勞福德建議她在出國兩週前，把請假文件與申請單備齊給他，他會確保她的請假流程順利走完。

甄妮離開辦公室時心情雀躍，因為她的問題有了解決方案，既可順利出差，又可達成州政府的規定與課程要求。與克勞福德會談的二十分鐘，甄妮改變了想法，這項課程計畫並非「敵人」，她也無需對課程人員保持戒心或猜疑。

克勞福德對甄妮表達關心、展現尊重，不只緩和了氣氛，也改善了她對課程計畫的參與。那次事件後，甄妮對於課程的興趣與參與度都顯著提高，持續參加這項計畫九個月之久。

短短二十分鐘的談話，就讓一個人從對立轉變為合作。

向上管理，這兩件事最重要

前美國總統尼克森被許多作者形容為是個徹頭徹尾的偏執狂。這位國家元首的行為不只影響聯邦政府員工，還影響廣大人民。

一九九七年幾位精神科醫生合著了一本書描述他的矛盾人格，他們總結認為尼克森做為世界領袖的優點（包括與中國建立關係以及牽制俄國），已被他偏執的人格掩蓋過。尼克森「最終導致垮台的偏執」讓他指示或設下水門案，也讓他被迫辭去總統職位。

歷史學家達力克（Robert Dallek）從尼克森與季辛吉（Henry Kissinger）的關係著眼，寫下這段話：

「季辛吉與尼克森都有某種程度的偏執，」與兩人都很熟識的伊格爾伯格（Lawrence Eagleburger）說，「這讓兩人時時都擔憂對方，但也讓他們有內定的共同敵人……」尼克森時常與別人處於緊張關係，這讓他不願與人互動交流。「如果不需要與人交涉，當總統會天殺的簡單很多。」尼克森對新聞發言人說。

不過令人驚訝的是，很可能屬於偏執人格的尼克森，竟然可以維持成功這麼多年。在他贏得總統選舉前，已有二十年的國會議員、參議員與副總統的成功經歷。當然，他在一九六〇年輸掉總統選舉，一九六二年也沒有選上加州州長，但他成功捲土重來，在一九六八年選上總統。尼克森是如何成功的？他的態度是如何被周遭的人與下屬改善？

布坎南（Patrick Buchanan）在《榮耀回歸》（*The Greatest Comeback*）書中，描述他與尼克森的共事經驗，當時年輕的他是尼克森演講稿撰稿員、密友，偶爾也充當政策顧問。從他圈內人的角度，我們可以發現是周遭的人一次又一次的讓尼克森懸崖勒馬，並幫他獲致成功，然而卻無法持續一輩子。

布坎南是位忠誠的員工，他在書中寫道：「我從最初到最終，都密切參與尼克森在白宮的每場戰鬥。」在這些年，很顯然他用同理心、關心與尊重，跟尼克森搭起溝通的橋梁。

然而，他沒有對上司設定界限，反倒同意尼克森最大的問題是別人造成的。我們很難判定這麼做是否帶來任何影響。以下是布坎南對這個議題的說法：

若尼克森在一九七三年一月下台，他會被評為美國史上最好或頂尖的總統之一。然而，總統選舉委員會的效忠派卻愚蠢的批准在民主黨全國委員會裝設竊聽器，當事跡敗露，還急忙跑到白宮，笨拙的想壓住負面震盪。……他的政敵在民主黨一九七二年分裂後屢遭否定與羞辱，但仍掌控國會參眾兩院、官僚機構與媒體，並且運用最後的剩餘資金發動美國史上第一次成功的政變。

看起來尼克森犯了一個賈伯斯沒有犯的錯誤。賈伯斯選擇會挑戰他、讓他分析諸多選項的合作夥伴，但這位看起來十分偏執的總統所選擇的合作夥伴，卻放任他對自己的恐懼深信不疑：

在尼克森擔任總統期間，最常與他見面會談的必然是季辛吉。季辛吉形容尼克森是一位「獨行俠」，一位隱士，「他喜歡藏在隱蔽的辦公室，埋在椅子裡，在黃色筆記本寫下備注事項。他可以數小時甚至數天對外人避而不見，只讓一小群親信加入他不著邊際的漫談……」這人如此煩惱憂愁，無怪乎身邊圍繞的也是有缺陷的人。季辛吉在一九七〇年對英國大使弗里曼（John Freeman）抱怨，尼克森身邊圍繞的是一群無賴。

由於身邊圍繞的人不是順從無意見，就是有偏執傾向，尼克森缺少一個可以幫他設定界限的人。他最親近的屬下反而把界限設在其他人身上：

他的白宮幕僚長霍爾德曼（H.R. Haldeman）是一位四十二歲的前洛杉磯廣告主管，他是尼克森一九六〇年選戰的先遣助選人員，身兼守門人與得力助手。他讓尼克森的生活不被外界過多的要求包圍，決定哪些總統命令要被執行、哪些可被忽略……，前西雅圖律師厄利希曼（John Ehrlichman）自一九六〇年開始參與尼克森的每場選戰，後來成為國內事務顧問。他與霍爾德曼聯合起來，在總統與他不想見的訪客間築起高牆，因為尼克森認為他的生活已充滿重要國安議題，不應該為了這些人分心。

這個故事讓我們知道，**對身居高位的決策者，更需要分析選項與設定界限**。雖然上述案例發生在政府部門，但在大企業、小公司，以及任何類型的組織也時常發生，只不過你不常聽到，因為組織往往不會把這類負面消息公諸於外。

這個案例也彰顯，為可能是偏執型高衝突人士設定界限有多困難。他們對於負面評論往往有不當反應，而且需要外部約束力才能限制他們的行為。最終國會在關於水門案的聽證會上對總統設定界限，並以彈劾做威脅。在某些情況，從組織的機制著手，是唯一的解決途徑。

多疑的人總是試著控制情勢，對可能幫助他們的人，拒於千里之外，這些行為讓他們活得很辛苦。

當最高決策者有偏執傾向，除了組織體制本身，一般人很難幫他們設定界限，而那些在他們身邊最可能幫助他們的人，為了討好他們，往往把多元觀點擋在他們視線之外，以致問題愈來愈嚴重。因此，組織必須有良好的制衡機制，來避免這類問題無限擴大，最好從一開始就能加以抑制。

11 迴避型及其他高衝突人士

迴避型人格、文化差異與物質濫用，是另外三大造成職場高衝突的原因。本章將把重點放在這些議題上，並列出其他可能造成職場高衝突狀況的人格特質。

擁有迴避型人格的人，在職場上傾向有以下行為：擔憂遭到批評或被人拒絕；害怕扛責，善於自保；因為恐懼，不願與人有太多互動交流；不容易適應新局勢；怯於冒險，尤其不願在別人面前嘗試；迴避下結論，或做出任何可能讓人生氣的決定。

對於迴避型人格，我們最常聽到的抱怨是：有個迴避型上司，該怎麼辦？以下這個案例，我們就是採用CARS法來應對。

當主管迴避與部屬溝通

珍妮是一個大型集團的部門主管。她之所以獲得升遷，是因為她的技術知識豐富，擅長複雜的資訊管理，是個備受敬重的技術專才。然而，集團總監尼克卻憂心的發現，珍妮的部門生產力銳減，員工也滿腹牢騷。

尼克請教我們如何改善情況。我們與主要員工私下開會，並舉辦了數個凝聚團隊的活動，很快發現問題出在珍妮的身上，珍妮顯然不適合擔任管理職務。為了讓她加薪，尼克晉升她至管理職，但這職位讓她必須管理許多之前的同事。

珍妮並沒有刻意讓這些人日子不好過，但她不了解員工需要持續的關心。她認為團隊開會很浪費時間，只是一堆人在批評抱怨。她不了解為什麼大家不能關上門好好做事。

從員工的角度來看，他們覺得缺乏上司的支持與指引。當他們開口請珍妮協助，往往得到冷淡的回應。當他們想和珍妮開會，她不是使出拖延戰術，就是直接說沒空，再不然就是開了會卻無具體結論，可能是珍妮不想扛責，或是她也不知如何處理，總之許多工作都因此停滯或陷入混亂。雖然員工心情沮喪，但因了解珍妮對部門非常重要，所以沒人敢去和高層報告這個日益擴大的問題。但於此同時，部門士氣與生產力都大幅下降。

當清楚問題所在，我們與尼克討論並分析可改善局面的幾個選擇方案。很顯然，組織的升遷路徑都是讓優秀員工晉升至管理職。尼克了解到，雖然珍妮的專業知識豐富，是員工最佳的資訊來源，但她不善於管理。

尼克詢問公司的人資部門要如何處理這樣的問題，他們表示可以在部門總監下設置一個高階職位，這職位可發揮珍妮的技術專長，但無須管理任何人。這個解決方案（選項）符合尼克的期望，既能夠解決問題，又不用針對珍妮與員工的互動設定界限。決定做法之後，尼克約珍妮見面。

尼克把談話重點放在珍妮對組織的價值，以及需要她更積極參與未來的專案，討論過程中對她展現同理心、關心與尊重。

尼克告訴珍妮，想把她升遷到另一個專為她設計的職位。珍妮主要將和尼克一同工作，不再需要管理其他員工。他沒有提到珍妮在管理上的問題，也沒有談到下屬對珍妮的不滿。相反的，尼克請珍妮挑選她認為適合接手這項管理職位的人，也請珍妮幫助新主管熟悉該部門面對的技術問題。

尼克在部門的披薩派對上宣布這項人事命令。幾個月後，當我們再次觀察該部門的狀況時，發現員工都很樂見有此調整，生產力與士氣都大幅提升。珍妮也非常開心能夠獨立工作，對於協助尼克以及部門新主管不遺餘力。新主管擅長與人打交道，也很享受不斷與員工互動。

尼克為部門創造了雙贏：沒有失去擁有技術專長的珍妮，也找到一個能提振員工士氣與生產力的好方法。

當工作夥伴的個性差異大

有時候，個性衝突實際上是源於文化差異。文化差異，加上難纏性格，不少職場衝突因此引發。不論衝突的原因為何，你都可以把CARS法用在任何人身上。

愛咪擁有一家中型的磁磚鋪設公司，和一家大型地產開發商簽有合約。對方的專案主管海克特負責執行和愛咪的所有合約。海克特看起來很友善且知識豐富，但時間管理常出問題。愛咪常告訴團隊，與海克特共事真是場「惡夢」。愛咪發現，抱怨沒有太大用處。海克特嚴重缺乏自覺，而且一出錯就指責他人，或歸咎體制來推卸問題。愛咪不想把海克特的主管拉進來，擔心問題會愈鬧愈大。由於愛咪與海克特來自不同族裔背景，文化差異使得問題更加複雜。

海克特的工作能力很強，但往往沒辦法按約定時間完成。愛咪以尊重的方式提醒海克特，絲毫改變不了他的行為，甚至激起他的怒火。愛咪決定請教我們，希望能找出解決問題的方法。

我們很快就了解到海克特抗拒任何形式的批評，軟硬都不吃。我們教愛咪採用CARS方法，她了解自己沒法改變海克特，在目前狀況下，她得改變自己的應對方法。我們建議愛咪，不要一直鎖定海克特缺乏時間管理與團隊合作造成的問題，反之要把眼光放在未來，促使他往對的方向走。

愛咪邀請海克特參加下一個專案的腦力激盪會議，在過程中特別強調最後期限與合作條款。在接下來的幾週，她對海克特運用CARS方法，以同理心有禮貌的回覆對方，並給予高度的關注與支持。她也主動讓他參與問題解決流程。

當面對特定的問題時，她請海克特提議，並把他的提議做為協約的基礎，尤其在安排專案截止期限上，更以海克特的提議為依歸。雖然彼此合作仍有摩擦，但下個專案進行得十分順利，愛咪與海克特的關係也改善很多。

愛咪發現，當自己認清時間管理的問題並調整期望值後，就能顯著提升成功機會。在時程安排上，她沒有跟海克特說，自己在完工時間上留了緩衝時間。她採用海克特的提議，因此當問題發生時，她會找他問：「現在我們陷入兩難，你覺得怎樣解決才好？」

愛咪發現，只要採用CARS模式，與海克特搭起溝通橋梁，請他提案並協助分析選項，用正面對話設定界限、不要聚焦在過去的錯誤行為上，就能顯著改善合作結果。

愛咪學會如何避免任何形式的批評（很容易被解讀為文化偏見），把重點放在未來，並以全然正面的態度，邀請海克特一起設定目標與截止期限。兩人的個性差異或文化差異，從此不再是問題。

當員工有物質濫用問題

根據美國國家藥物濫用研究所的調查，發現員工因藥物或酒精濫用造成的問題，包括：要求早退或請假的機率是一般員工的二十二倍；曠職超過八天以上機率是一般員工二十五倍；上班遲到機率是一般員工三倍；在工作場所出現意外機率是一般員工三十六倍；申請員工賠償補助是一般員工五倍。

這對大企業與小公司都形成嚴峻的挑戰。藥物濫用問題和美國精神醫學學會最新版《精神疾病診斷與統計手冊》定義的「物質使用障礙」（substance use disorder），影響企業多個重要層面，包括員工健康、公司安全、生產力、保安、員工士氣與公司形象。

企業必須打造一個「無毒」的工作環境，並符合以下兩個目標：明文規定在工作場所禁止飲酒與吸毒；鼓勵有酗酒或吸毒問題的員工尋求幫助。

我們在職涯早期都曾在大型精神病學醫院的藥物依賴治療單位工作，之後也都開設了專門治療酒精與藥物依賴的診所。

過去的經歷讓我們體認到一點：老闆或主管並不願意和員工討論藥物濫用問題，因為他們擔心自己猜錯了。他們常常不覺得自己在這方面有職權，因此在採取行動之前，問題已然嚴重惡化。他們不願行動，因為誤以為解決問題前，必須確切知道他們濫用哪些藥物，或是有親眼見到他們濫用藥物或酗酒的行為。

這麼想完全錯誤。主管完全不需要（事實上也不應該）提到酒精或藥物。相反的，與員工的對話重點應該鎖定在可衡量、觀察的標準，像是出缺勤紀錄、工作錯過截止期限、情緒與工作品質不穩定或不佳。

當你懷疑員工有藥物或酒精濫用問題，CARS模式是個絕佳的指引。以關心、同理心與尊重跟員工架起橋梁，說明你重視他們，但因為他們在某些方面表現惡化，如出勤率、生產力、客訴等，因此十分憂心。

和員工討論改善績效的方案，並給予適當的協助與指引。讓員工清楚知道怎樣的行為會被記錄下來，以及你對他的行為、態度與工作績效的期望。重申你會持續以公司制度來考核他的表現，讓他對自己的行為與績效負責。

如上描述，主管在跟員工討論時，並沒有提到酒精與藥物濫用事宜。你可以從「描述行為」著手，像是「當你在工作會報時，顯得精神不濟且缺乏條理」，「你在同組成員面前顯得神經質、急躁且難以親近」，或「昨天會議上，你說話不著邊際且缺乏重點」。你也可以從過往表現談起，指出現在績效的改變。例如，「過去五年，你在業務團隊的績效都是前五％。但過去一年，你的績效下滑到後段班。」

追蹤、記錄並回應員工不佳表現，無疑是費時又艱巨的行動。不過，讓員工對一個公平公正的制度負責，是避免讓問題惡化的最好方法。

此外，你憂心的員工可能沒有酒精與藥物相關的問題，他們可能正與憂鬱奮戰、身體出狀況或面臨其他問題。CARS心理學四步驟可讓你提出影響工作場所的問題，而不會讓公司面臨法律爭端。你表現出對員工的關懷與憂心，藉著要求員工維持正規的行為與績效，也設定了對組織有助益的行為界限。

最後值得一提的是，藥物與酒精濫用問題不只影響單一員工，其他員工也很有可能被這個人的行為影響。他們可能憂心忡忡，預期會出現更大的工作量，也會因為對方的行為感到憤怒、沮喪與洩氣。無論如何，記得酒精與藥物濫用的問題不會憑空出現，當管理階層沒有適當處理酒精與藥物濫用問題，偷竊、毒品交易、職場意外、打架與其他問題都更可能發生。

25個徵兆，偵測高衝突人格

下面羅列的生活背景與信念，可能會造就高度衝突的情況。但別忘了，許多經歷過艱困生活的人，比一般人更為堅強。「耐挫力」是一項強大的特質，所以不要對任何人預設立場。

不過，如果與你共事的人有下列背景或信念，你不妨開始使用CARS法以便更了解對方。這個方法能幫助你，在了解一個陌生人時，比較不會冒犯人，也不會陷入太深，更重要的是，比較不會讓你成為高衝突人士的指責對象。

1. 多年來時常出現人際關係衝突。
2. 孩童時期受虐或是童年早期關係混亂。
3. 認為人際關係的本質是敵對的。
4. 無法接受失敗或難以從失敗中復原。
5. 對自己的行為缺乏自覺。
6. 否認自己是造成衝突的原因之一。
7. 一直自以為是受害者。
8. 把自己的問題投射到他人身上。
9. 一味指責他人。
10. 情緒強烈以致無法理性思考。
11. 非黑即白的思考模式。
12. 對他人高度不信任或有偏執傾向。
13. 不認為自己負有解決衝突的責任。
14. 傾向於控制他人。

15. 擁有強大的攻擊能量。
16. 不斷企求成為眾人關注焦點。
17. 很難把當下行動與未來後果連想在一起。
18. 排斥心理診療。
19. 對於任何回饋都抱持防衛心態。
20. 不自覺的產生曲解與妄想。
21. 有意的說謊與編造事件。
22. 喜歡用法律途徑來報復或證明清白。
23. 時常不當的把其他人捲進紛爭。
24. 朋友與家人在他眼中不是盟友，就是敵人。
25. 在同事間搬弄是非，製造衝突。

不隨意給人貼上人格標籤

記住這些人格特徵，但不要隨意給人貼上人格標籤，這麼做只會讓衝突情況升高。如果有人有一、兩項潛在的衝突問題，他可能會攻擊你，在大庭廣眾下指責你。如果他們沒有這些問題，但你認為他們有，他們會對你的評判或曲解感到惱怒。所以，記得採用RAD做法：認清高衝突型人格的可能性；調整你的方法（避免試著點醒他，把重點放在未來，以及你可以採取什麼不同做法）；利用CARS法傳達你的回應。

如本章案例所示，你可以把CARS法用在任何人身上，不論他們是否有人格問題、文化差異或甚至物質濫用問題。你只需要做以下幾件事：用同理心、關心與尊重架起橋梁；用列表或提案分析選項；用BIFF法回應錯誤資訊；對行為問題設定界限。

12

遇上職場霸凌，該怎麼辦？

職場霸凌問題日益升高，但關於霸凌，我們了解的實在太少。

究竟什麼是霸凌？誰主導霸凌？為什麼愈來愈多霸凌事件出現？我們要如何保護自己？雇主可以怎麼做，來確保員工有安全的工作環境？本章將探討這些問題，並提供兩個運用CARS法來應對霸凌的案例，因為霸凌也是另一種形式的高衝突行為。

職場霸凌不是偶然發生的一次性事件，而是霸凌者與另一員工間的行為模式，霸凌者往往擁有比較多的權力，或是表面上掌握比較多。他們要不是夠資深，就是上下關係良好、能煽風點火，藉由挑剔曲解、孤立排擠，讓你難堪到無地自容，霸凌的行為包括恐嚇、羞辱與孤立，可以是言語或肢體行為，可能明顯也可能隱晦，可以是主動也可能是被動。

霸凌者可以（而且也會）一直對被害人施以這般惹人厭的負面行為，如果被霸凌者沒有想辦法阻止的話。當無力感逐漸升高，被霸凌者會開始自我否定並強烈畏懼霸凌者。霸凌往往出現在對不友善行為抱持寬容、甚至獎勵的環境，在這種環境裡沒人會站出來對惡意行為介入調停。

霸凌可以對人產生毀滅性的影響。實證研究顯示，被霸凌的人常會出現各種相關疾病，如憂鬱、失眠、腸道功能失調，甚至增加心臟病的風險。霸凌讓公司生產力下降、團隊合作受損、優秀員工離職，雇主還可能必須支付更高的醫療費用與法律索賠。研究甚至顯示，職場霸凌對員工的負面影響，比性騷擾還嚴重，或許這是因為目前已有許多防治性騷擾的訓練與制度。

從過去的經驗與觀察，我們深信職場中的霸凌者往往是高衝突人士。他們一直以來就是這樣的行事作風。他們的霸凌行為不是起於工作壓力、外部問題，或是其他人，而是他們扭曲的思考、感受與行為模式使然。

霸凌者的暗黑心理

過去觀察發現，以下五種人格特質最常出現職場霸凌行為，也是我們在本書討論的五種高衝突型人格特質。這幾種高衝突人士幾乎都會藉由霸凌別人，來降低心中的恐懼感與脆弱感，雖然他們對此往往沒有自覺。（切記不要想點醒他們，那只會讓你日子更難過！）

他們總是不自覺的去尋找或攻擊「被指責對象」，因為當他們傷害別人時，會暫時覺得不那麼焦慮無助。他們的攻擊目標可以是任何人，沒有針對特定的人。霸凌行為並非因對象而起，而是他們本來就想這麼做。

自戀型霸凌者

這類霸凌者總愛不斷對他人證明自己特別優越。事實上，他們很怕被看不起，但沒有意識到自己的恐懼，如果你指出那是他們潛在的擔憂，他們會全力反擊。他們常常蔑視或不尊重討好自己的人。除了說話輕蔑，也可能會開玩笑似的汙辱人、惡作劇或做一些讓你出醜（他們希望可以讓自己看起來優越）的行為。這是他們的本能，根本不必刻意為之。

邊緣型霸凌者

這些人的霸凌行為，往往是為了報復「好朋友」拒絕他們。當他們對友誼的幻想破滅，就會憤而報復。即使你什麼都沒做，也可能會惹怒他們，因為他們從不對錯誤訊息查證，只會借題發揮。他們會散步謠言，指稱你是個超級冷漠或缺乏道德的人。如果發生衝突，他們會促使別人相信全是你的錯。他們的思考非黑即白，而且總是遽下結論，「你不是我的朋友，就是我的敵人」。他們很容易勃然大怒，有時甚至會變得暴力相向或跟蹤他們的指責目標。

反社會型霸凌者

這類霸凌者不只想要顯示優越，他們還會傷害人。因為他們害怕被支配，所以會隨時隨地試圖去支配別人。當他們傷害別人時，才覺得不易受傷。雖然有時他們說話傷人，但更常做傷人的事，像是欺騙那些親近自己的人，對你恩將仇報，為了一些短期利益，摧毀你的事業。你會感覺被操控或身陷危險。別忘了對有太美好承諾的計畫保持警戒，這群人是不折不扣的騙徒。

戲劇型霸凌者

這些霸凌者總是喜歡小題大做，並且找尋指責對象。還記得前面章節提到的女演員茱莉嗎？明明是自己把項鍊放錯位置，卻把自己的錯馬上歸咎給打掃的人。這些霸凌者往往能很快的說服或拉攏他人，一起去批評或遠離某個同事。

他們的情緒極具說服力。若這位霸凌者說你壞話，你必須花很大力氣才能扭轉別人心中的錯誤印象。

偏執型霸凌者

這些霸凌者對別人充滿疑心，即便你跟他們不熟，他們還是會懷疑你想利用他們。他們常心懷怨恨，在你攻擊他們之前（他們自己認定的）把你打倒。他們甚至會散播謠言說你想傷害他們，雖非事實，他們卻自欺欺人，堅信不疑。因為對他人充滿疑心，他們常常製造衝突來平衡內心恐懼。

奇特的是，以上所有霸凌者都覺得自己是受害者。他們認為是你帶來威脅，所以攻擊你是理所當然。雖然看起來他們很享受霸凌別人的快感，但他們並不快樂，他們只能享受擁有權力的短暫時刻，因為大多數人都不需要這種負面的支配，都會想辦法掙脫。對多數霸凌者而言，暫時的權力感是他們每天身陷受害者情緒時唯一的滿足。他們對這些感受並沒有明顯自覺，如果你向他們點明，只會讓情況更糟。

你不必一個人去面對

遭到職場霸凌，該怎麼辦？

不要認為那是你的錯：請避免自我批判或孤立，霸凌行為源自霸凌者，而非受害者。被如此對待，並非你做錯了什麼事。

尋求協助：告訴別人你被霸凌的事，對方可以是你的朋友、家人、同事，或組織內相關人士，如上司或負責受理霸凌申訴的人。這麼做可讓你更堅強，而非更軟弱。不要試著一個人對抗霸凌者，許多人與組織都犯過這種錯。

了解公司的反制霸凌政策：公司內應該要有人能受理你的霸凌申訴，像是人資部門的人。最好的政策是鼓勵同事與主管一同遏止霸凌行為，如果需要，甚至讓霸凌者離開組織。但如果你是被直屬上司霸凌，而組織政策是有問題要向他報告，請另外尋找其他能聽你訴說的人。

切記，你有其他選擇：許多優秀員工離職，都是因為組織放任霸凌者橫行。你不需跟充滿敵意的工作環境妥協，確信自己有其他選擇並研究其他選項（如搜尋其他工作機會），能賦予你力量。別忘了，霸凌的行為並非針對你，是霸凌者自身的人格問題造成的。你不需要覺得受困，若你不想離職，或許可轉換部門或換上司，不要劃地自限或鑽牛角尖。

你的組織又可以做什麼？霸凌問題實質上是文化問題。職場的文化理應排拒霸凌，因為單一員工能做的實在有限。想要降低大學運動場上的霸凌行為，要從學校著手才能獲致成功；同樣的，職場霸凌問題也應該從組織著手，才能被全面正視。以下是幾個建議：

制定霸凌防治政策：公司領導階層應該制定清楚的霸凌防治政策，以及完整的衝突解決方案。明文指出霸凌是不受歡迎且具侵略性的負面行為，這麼做能幫員工了解界限在哪裡。清楚點明職場霸凌的行動會有什麼後果（組織會執行懲罰），也能大幅增進員工的安全感。員工本身也應該了解這些政策，因為霸凌者往往會曲解這些政策，讓自己的不當行為有機可乘。

預防霸凌：在專為減少校園霸凌設計的計畫中，常設置一個委員會，成員有來自學校不同群體的代表。這個委員會之後會規劃預防霸凌的活動，並加以宣傳，組織也可如法炮製。藉著廣納各階層的員工與主管，委員會的做法比單單由上而下的政策，更有機會改變組織的文化。不過，公司高階管理團隊必須以實質方式給予強力支持，否則行動必將以失敗告終。

做好員工訓練：訓練員工彼此支持並對同事設定界限，往往比只設定公司政策要有效。當所有員工都覺得自己對職場環境品質負有責任，就比較能讓好鬥型員工冷靜下來。相反的，當員工覺得「怎樣都行」或「與我無關」，就更可能出現侵略性的霸凌行為。另一個特別有效的做法是，對衝突場景進行預演，並指出同事哪些能說、哪些能做。

嚴守保密原則：許多霸凌者是受害者的上司。要求員工呈報問題給直屬上司的政策，在此適得其反。因此設置專人負責處理員工對霸凌事件的申訴，並上呈給組織領導階層格外重要。

設置諮詢顧問：在組織設置專人跟被霸凌者私下討論霸凌事件，對員工與組織都大有幫助。這可降低霸凌行為造成員工自我懷疑與健康問題的惡性循環。這樣的服務也能幫助霸凌者，讓組織留住員工，同時改善他們的職場行為。員工協助專家就是達成這些目標的理想人選。

公開懲處：必須讓所有人知道，霸凌者將受到實質懲處。這樣做，潛在的霸凌者會更謹慎的遵守規則，潛在的受害者則知道公司會保護他們。

健全的職場法規：有些國家已在考慮訂定健全的職場法規，這麼做能讓員工行為有依循標準，對職場霸凌也能提供法律救濟。這樣的法律應該被大力鼓勵，反霸凌應該成為文化的一部分，而非單一受害者自己去處理面對的事件。瑞典是第一個設置這種法律的國家，澳洲也採納反霸凌的法律，若組織的高階主管不理會霸凌申訴，還會被處以罰款。

組織必須體認到，霸凌伴隨著各種人格障礙出現，是個會不斷擴大的問題。受害者往往毫無招架之力，尤其當霸凌者得到雇主主動或被動的支持時更是如此。組織想要解決問題，最好的方法莫過於採用綜合方案，了解霸凌是根植於長期人格模式產生的無意識行為，能幫組織與個人找出更有效的解決方法。

當了解到大多數的職場霸凌者是高衝突人士，組織會更清楚他們面對的是：一個不會自動消失的長期問題；一個嚴重且沉重的問題，並非無足輕重的小問題；一個必須以組織高度來解決的問題，而非把阻止高衝突人士的重擔全放在受害個人身上。

如果公司沒有人資部門或員工協助專家，當面臨困難情況時，CARS的四技巧能幫你有效回應與駕馭各種衝突，至少在遇到衝突與處理問題時，不會感到孤立無援、不知所措。

改變自己，就能改變局勢

知名度假村幾年前聘請了一位名廚來改善餐廳的營運狀況。這些年來，這位大廚確實不負眾望，讓這家度假村餐廳搖身一變成為熱門餐廳，生意興隆，但員工們也為此付出極高代價。員工們不斷向EAP顧問抱怨，也對工會代表申訴這位名廚的種種霸凌行為。

他冷酷無情的對待廚房助手，不僅以言詞羞辱、大聲怒吼，甚至把鍋碗瓢盆往對方身上扔。他的行為嚴重踰矩，但從未被懲戒、制止或開除。管理階層一再要員工容忍他的行為，要求他們理解像大廚這樣的藝術家，就是較敏感挑剔。

EAP顧問跟好幾位曾被大廚羞辱與殘酷對待的員工面談，以深入了解狀況；也跟度假村的管理階層開了好幾次會，但無法說服他們採取行動去改變或制止大廚的行為。有鑑於此，EAP顧問轉而把協助焦點放在受害者身上，幫助員工緩解霸凌帶來的壓力與憤怒；同時協助他們分析選項，並團結起來對大廚的不當行為設定界限。

最後，這位大廚在霸凌行為愈來愈難得逞下，因有條件更優渥的工作機會而跳槽了。

如何搞定霸凌者？

在《終結職場霸凌終極指南》（*Back Off*）一書，作者瑪蒂（Catherine Mattice）與塞巴斯蒂安（E. G. Sebastian）提供了一個評估量表，可以協助判斷你是否被霸凌了。在這個量表中，如果分數是十六至二十分，你交手的對象可能對你不夠尊重，但還稱不上霸凌；如果分數是二十一至二十八，「與你共事者的行為，已接近職場霸凌的認定。」以同理心、關心與尊重進行溝通，對這類型的人往往十分有用，不論對方是你的老闆、上司或同儕。我們把這群人的行為稱為偶發性的霸凌行為。

情況可能是老闆平日很親切且尊重人，但當太累或壓力大時就會「崩潰」，若下屬不乖乖聽令就會變得固執且專橫；也可能是平日隨和、討人喜歡的同事，在截止日壓力下就會對人大吼，表現得毫無理性。這樣的情況不常發生，但總讓人身心俱疲。CARS四步驟可迅速緩解這類型的不當行為。

根據兩位作者的說法，如果分數在二十九至四十八分之間，「你必然是與有職場霸凌習慣的人共事。」他們在書中提出了十一個原因，說明為什麼有人會在職場上霸凌別人，其中之一就是人格障礙。他們寫道：「霸凌可能是人格障礙導致的結果。」我們打從心底同意這樣的說法。

高衝突人士的極端性格，以及不同人格障礙顯現的特質，常在職場引發風暴。高衝突人士（尤其是那些嚴重到有人格障礙的人），因為缺乏自我反省與自我控制能力，很容易在職場霸凌別人。雖然並非所有高衝突人士或有人格障礙者都是霸凌者，但當中有很多人確實有此行為。

如何用CARS方法制服霸凌者？首先，辨識你周遭誰可能是高衝突人士或霸凌者。這裡的重點是「確認問題」，我們必須認清跟我們交手的人是否行為不當？衝突是否一再發生，甚至持續惡化？一旦確認了這個現實，就可進一步思考如何應對了。

認清自己目前的做法無法有效化解霸凌之後，必須依情勢調整自己的策略。霸凌行為不會無緣無故停止，祈禱「事情快過去」或不去回應，只會火上添油。如果霸凌者是你的上司，情形更是如此，你甚至會因為擔憂丟掉工作，或想報復而生病。究竟該怎麼做呢？

利用CARS法傳達你的回應。如果你直接與霸凌者交手，表現出自信堅定的態度會有很大幫助，簡單回應如：「喬，夠了喔！」或「我不這樣認為」，就能發揮效果。你的回應表明了對方理應以尊重而適當的態度對待你。請務必注意，肢體語言也是表達的一部分。如果做得到，請直視霸凌者的眼睛，並用肢體動作表現出自信。畢竟大多數的霸凌者，都不喜歡費力跟反抗他們的人周旋。

你可以怎麼做呢？不妨試試以下做法：

架起橋梁

以同理心、關心與尊重進行溝通，可緩解某些霸凌情況，但並非全部。在一個案例中，員工（被霸凌目標）每天早上都會用最快速度衝進辦公室，並關起門以避免撞見高衝突型主管。但在學會CARS法之後，她開始練習面對上司，並主動打招呼，像是簡單的問候：「你週末過得好嗎？」結果，不迴避對方，反而讓這位員工迅速成為受上司重用的人，她原本沉重的壓力也煙消雲散。

但在某些情況下，最好是完全避免與特定同事或主管直接接觸。當你卯足全力分析選項，回應錯誤資訊，並對霸凌行為設定界限的同時，人資部門與EAP顧問也能幫助你應對這些人。

分析選項

當你遇到霸凌時，請盡可能寫下你遭受的霸凌經驗，並備注事件的日期與時間。你可能永遠不會在正式申訴中用到這些資料，但當你決定向組織陳情時，這些資料將無比重要。在你分析問題本質時，這些資訊也十分有用。

舉例來說，你的紀錄可能會指出霸凌行為都是發生在傍晚或晚上，那時老闆很疲累，而且周遭沒那麼多同事。這些資訊將指引你改變行事排程，藉以降低老闆霸凌你的機會。

你可以向信任的人吐露情緒，但只要記錄發生的事實即可。在此階段，別人的指導能提供很大幫助。EAP顧問或值得信任的人資也可協助你檢視選項，或許你能調離霸凌者，利用組織體制幫你對抗霸凌，或是有既定規定與做法能夠保護你。

有效回應

霸凌者往往會製造錯誤資訊或散播錯誤資訊，或者兩者皆有，你不妨用BIFF做法來回應謠言、充滿敵意的電郵或其他負面資訊。記得回應時要具備充分資訊，但保持簡短、態度友善與立場堅定，以避免無意間激怒了對方，或是多生事端。

請確認你的訊息是寄給正確的人，同時留意在你按下「送出」鍵後可能發生的任何後果。你必須了解申訴霸凌事件可能面臨的風險，並且要取得他人支持，因為一些組織會懲罰揭露霸凌行為或其他不利資訊的人，因為管理高層（或霸凌者）不想讓他人知道這些事。

設定界限

跟你信任的人討論霸凌事件，可以幫你決定要設定哪些界限。最重要的是，你的身心健康不能受到影響。如果你無法有效應付霸凌者，最好離開那個環境。雖然這個決定可能很困難，但有時是當時情況下最好的選擇。

我們強力建議你想想可以如何利用組織的力量，幫你對霸凌行為設定界限。如果霸凌者是你的主管，你可能必須請比他高層的主管採取行動。如果你跟別人徹底討論過且很有自信，可以讓高層知道，但如果公司沒有對這些負面行為採取必要做法，你再考慮是否離開這家公司。

許多管理高層並未察覺高衝突人士的行為，因為高衝突人士通常很懂得對上級逢迎拍馬，如我們前面提到的自戀型高衝突人士。另一方面，有些管理高層很怕事，不想與那些在組織地位根深柢固的人起衝突。這也是為什麼長期來看，應該對管理職場霸凌行為立法管理。許多組織極力抗拒任何形式的改變，刻意姑息也是導致霸凌行為一再上演的原因。

是單一事件？還是行為模式？

勞福在一所大學擔任院長數十年，深受學生歡迎，他以聰明風趣聞名，總能促使學生與行政人員參與新的課程計畫，學生家長也對他很滿意。最近他成為一所中西部小型大學的校長。

在他走馬上任新職六個月後，卻開始有謠言指稱他霸凌員工與行政人員，特別是對專案合作的女性會爆粗口，即使高階系主任也不例外。

有一週，大學人資部門收到三位女性員工的投訴，表示她們最近都被勞福霸凌、騷擾。如果這件事登上媒體，整個大學都將蒙羞。

由於這所大學很小，人資長是大學董事會主席的好朋友。她建議他們應該見個面，好好討論這個問題。

「我們花了很多心力才讓他開始熟悉這個工作。或許這只是單一事件，像是他剛好發生許多不順心的事，」董事會主席說，「但也可能這是他的行為模式，未來還會有更多類似事件發生。如果傳出去，對學校十分不利。或許我們應該讓勞福休假幾週冷靜一下，多補充睡眠，或去參加諮商。」

「我或許能找到幾個他以前任職學校的同事聊聊，這樣我就能知道他過去是否發生過類似問題，」人資長說，「我想我們曾對他做過徹底的背景調查，但你也知道前雇主往往不想談論未受過正式懲處的問題。他一向以『善於與人相處』『打造創新課程』享有良好聲譽，然而他已經來這裡好幾週了，很顯然他有時會與人起衝突。」

人資長做了一些背景調查，並打了幾通電話後，向董事會主席回報結果。「那恐怕是他的行為模式而非偶發事件！」她說。「他在另一所大學也曾出現同樣的行為，但他的上司（一位女教務長）跟他促膝長談，並給予嚴格規範。她與其他職員基本上是『時時盯著他』，後來霸凌行為才停止。當他逼近臨界點要吐出霸凌言詞時，他們就會說：『夠了，該停止了，勞福。』來制止他。」

「真希望我們之前就知道這件事，」董事會主席嘆道，「若這行為是幾年前就開始，很顯然就是他的行為模式。現在他成為校長，他的不當行為更可能被大眾揭露。」

人資長同意主席的想法，「之前有位加拿大的廣播節目主持人，受到觀眾歡迎多年，後來卻爆出他會虐待約會對象。雖然他聲稱那是雙方同意的『粗暴性愛』，甚至告訴上司們這件事（不過說得很模糊），而上司也採信他的說法，然而後來有愈來愈多女性出面控訴他，國家廣播公司最後才開除他。新聞分析指出，這位主持人擁有自戀型人格障礙。這意謂那是他的行為模式，幾乎不可能改變。我不希望我們到頭來面臨相同的狀況。」

「我同意，」董事會主席接著說，「很顯然，勞福必須離開，而且是這個階段就走。我不在乎他的行為只是言語騷擾或是霸凌。我不想讓外界認為我們姑息或包容這樣的行為。」

在一場促膝長談中，董事會主席建議勞福主動請辭，或在董事會上被開除。

但勞福不願屈服，並聲稱他被誤解了。

「我有時確實亂開玩笑，」勞福說，「他們只是反應過度罷了。」

董事會主席早已料到他會這麼說，也準備好他的回應。

「嗯，因為有多名女性都提出證據，你的論述沒法被採納，」董事會主席說，「我不知道是否還有更多人『誤解』了你的笑話與行為，但對我而言，三個已經夠多了。你現在只有兩個選擇：安靜離去，或是在眾目睽睽下離開。」

勞福最終認清他沒辦法打贏這場戰役，多留也毫無益處，因此主動請辭。

從勞福的案例來看，顯示有些人在某種狀態下可以有效被約束，但在其他情況下則會失控，在勞福任職的前大學教務長與她的職員，顯然多年來都有辦法有效對他設定界限。但在大學校長這個新工作上，因擁有太多權力，難以控管。

雖然對一些人而言，他是個不折不扣的霸凌者，但美國並沒有法律限制霸凌行為。所幸，美國有限制性騷擾的法律，那也是迫使他離開的主因。值得思考的是：如果有限制職場霸凌的法律，他的行為或許就能更早被制止。

設定界限是最關鍵步驟

如何以CARS來檢視這個案例呢？

架起橋梁：很顯然，董事會主席成功的與勞福架起溝通橋梁，說服他自行請辭，而非被董事會強行開除。

分析選項：董事會主席協助勞福分析兩個選項：辭職或被開除的優點與缺點。他同時點出兩個選項可能帶來的結果。如果他辭職，辭職原因或許不會被外界知悉；如果他是被董事會強行開除，事件必然會鬧大，被公眾關注。主席也跟勞福分享了加拿大廣播電台主持人的故事。

有效回應：主席明白的告訴勞福，他不可能成功說服大家自己只是「被誤解」，已經有太多言詞可靠的女性提出申訴案件。當然，若勞福是自戀型高衝突人士，他很可能會深信自己必然有辦法用三吋不爛之舌脫困。但很顯然，主席早就料到這點，並準備好他的回應。所以，他得以把焦點放在之後應該怎麼做，而非翻舊帳。

設定界限：這是此案例最重要的步驟。由於是單獨約見，主席得以說服勞福自行請辭。但如果這個做法失敗，還有董事會議能裁決是否開除勞福。就如我們在前一章提到的尼克森案例，有時要讓高衝突人士離開目前的崗位，必須倚靠組織架構的強大力量。高衝突人士往往沒有辦法停止自己的負面行為，這也是為什麼制衡機制、監管單位（包括董事會）對約束高衝突人士的行為如此重要。當然，不論對主席或勞福，擔心當眾受辱也是他們改變行為的重要動機。

在前份工作，勞福顯然被約束得很好，也被眾人公認是非常成功且有創意。很顯然，前所學校的教務長有辦法讓勞福的負面行為不要踰越界限，學校因此能從他的正面行為獲益。所以，設定界限並不代表一定要開除人，而是要有更好的監督機制。

當現代人愈來愈自我中心

關於霸凌的另一個重要討論是暴力問題，高衝突人士時常覺得自己是受害者，因此他們認定傷害那些對他們不利的人，是天經地義的事。

本書沒有討論如何應對暴力行為，或如何衡量職場暴力的風險。但採用CARS法能緩和情勢，讓大家把焦點放在解決問題上，好讓衝突不會升級到暴力層次。尤其，有人格障礙的高衝突人士在特定情況下，會有暴力行為，善用CARS法能讓這些人冷靜下來，進而讓職場的環境變得更安全。

雖然科技與環境不斷改善，職場霸凌卻仍是今日許多企業的重大問題。從反應過度產生的偶發性霸凌行為，到自我中心老闆把特定員工當出氣包，像是之前提到的大廚，都十分常見，在這類環境下工作的員工，往往容易成為創傷後壓力症候群的一員。就如在前線作戰的軍人，今日勞工身處的環境不僅多變，還難以預測，因而帶來前所未有的壓力與焦慮，員工、經理與主管都有可能成為職場霸凌的目標。有一些工作環境默許這類掠奪性的行為，當霸凌行為被容許或忽視時，暴力事件就會激增。

過去十年，職場霸凌開始如校園霸凌一般受到關注。一些人的人格發展在幼年時期就呈現停滯，或許也與霸凌成因相關。研究指出，一六至二一％員工曾受過危及健康的霸凌，霸凌事件發生率比性騷擾事件多出四倍。

這些統計與社會上有人格障礙者的統計結果一致。根據最新版《精神疾病診斷與統計手冊》的數據資料，美國有將近一五%的成年人有人格障礙的問題。由於霸凌者長期表現出失常行為，他們當中許多人或許也有人格障礙問題。

當現代社會有人格障礙的人愈普遍，職場霸凌問題無疑會愈嚴重。這些人沒辦法控制自己，許多組織也默許他們的不當行為。當社會愈來愈自我中心、缺乏同理心，未來職場霸凌事件勢必將持續增加。

霸凌已成為職場的嚴重問題，員工與組織都應該更關注這個議題，尤其職場上有高衝突人格的人愈來愈多，如果你身邊也有這樣的人，除了思考應對方法，也要尋找盟友，同心協力找出處理問題的辦法。局外人也能聲援，或是至少表明他們不支持霸凌行為。組織也必須明確訂定並執行防治霸凌的政策，甚至提供相關訓練。法律應該及早設立防治霸凌的準則，藉以改變企業對霸凌行為姑息的文化，唯有這麼做，問題才不會壓在被霸凌者一個人身上。

對霸凌說「不」，是每個人的責任。

第三部

懂點心理技巧，
就能超越許多人

13

別讓高衝突人士操控你

高衝突人士為什麼可以一再搞破壞，卻能一路沒事在職場生存，甚至獲勝？原因之一是，有些人會不由自主的站在高衝突人士那一邊。他們受到高衝突人士扭曲想法洗腦或不羈的情緒感染，以及聽多了對指責對象的批評，他們很可能會捍衛或默許高衝突人士的極端行為，成為共犯。

這些高衝突人士的盟友們往往能力佳、地位高又理性，擁有可靠的形象，他們可能是你的同事、主管，甚至領導高層。高衝突人士會行為失控，但他們的盟友大部分都沒有這樣的問題（但也有些盟友本身是高衝突人士）。因此，當這些盟友們發言時，人們通常會聽進去；當高衝突人士的頻繁抱怨、情緒與問題行為被默許或刻意忽略時，他們的相挺支持特別有效。

拉攏盟友，能強化高衝突人士自身的可信度與爭議論點，讓他們在不該贏（或在他們出現前根本不存在）的爭端中獲勝。

由於這些盟友只聽到爭端中的單方說法，而且深受情緒感染，有時他們的批評力道比高衝突人士還強烈。這是因為高衝突人士常常需要倚賴身邊的人，或與這些被批評者有某些關係，而他們的盟友則無此顧慮。這些盟友接收了高衝突人士強烈情緒散發的負能量，卻沒有收到正確資訊或僅有片面之詞。

但當這些盟友從各方取得更多資訊，或是了解高衝突人士的行事作風後，就很可能不再支持他們了，不再視高衝突人士為受害者（如高衝突人士自己宣稱的），而且認清他們在許多情況中，實際上才是施虐的主犯。這些盟友會對高衝突人士誤導自己感到萬分生氣，因為這讓他們在工作上的信譽受損。

不管是高衝突人士或是他們的盟友，你都可以運用CARS跟他們交手。雖然你會很想對他們發脾氣（因為他們是理性的人，卻替高衝突人士強出頭），最好的做法是先用EAR溝通法與他們架起橋梁。接著，再提供正確資訊，幫助他們務實的分析衝突情況，以及他們的角色。然後，對他們收到的錯誤資訊做出回應（錯誤資訊往往是他們受鼓動的原因），如果他們因力挺高衝突型人而有激動行為，就必須對他們設定界限。

若有人極力拉攏你成為他們的盟友，請務必保持警覺，避免成為高衝突人士的共犯而不自知。

威脅利誘讓你上鉤

伊莉莎白是一家大型服裝公司的行銷副總裁。她積極的往組織高層爬，希望在四十歲前成為公司領導人。她最大的戰功之一，是從主要競爭對手那邊挖來一位頂尖的設計師艾敘麗。

伊莉莎白告訴艾敘麗，她相信她們可以把艾敘麗的新服裝系列帶到墨西哥與南美洲，這麼做可大幅開拓公司的市場並提振業績。她要艾敘麗去研究當地的服裝設計，想想可以創造怎樣的服裝來打敗既有競爭者。

但艾敘麗很快就表示，她們沒有機會在已飽和的市場取得一席之地。當地公司運作得很好，而逐漸增加的中產階級女性對當地品牌格外忠誠。伊莉莎白對這些完全聽不下去，要求艾敘麗製造能直接在當地競爭的產品。「你是業內最頂尖的設計師。我相信你的設計必能打敗當地品牌。這也是我把你挖角來的原因。你應該不會害怕這麼一點競爭吧？你是想跟我站在一邊，還是跟我作對？」

為了展現忠誠，艾敘麗卯足全力設計新服飾，並把他們的計畫廣發給當地媒體與國際時尚圈。時尚媒體圈對伊莉莎白一向抱持懷疑態度，她雖積極的在時尚界往上爬，但缺乏必要的經驗與創意天分，但他們對艾敘麗評價很高，也很捧場，對於她即將推出的新產品線與宣傳簡報相當關注，也祝福她成功。

然而，伊莉莎白的策略最終還是被證明是個大失敗。公司根據艾敘麗對高層的簡報，重金投資了這個大計畫，結果血本無歸。

到了年底，管理高層就把伊莉莎白從領導職務趕下台。艾敘麗則直接辭職，轉戰另一家時裝公司。但她花了很長時間，才修補因支持伊莉莎白計畫而受損的聲譽，她從未相信這個計畫，完全是因為伊莉莎白力推才勉強去做。

艾敘麗因成為伊莉莎白的盟友，而深受伊莉莎白的情緒影響，把心中疑慮放一邊。不幸的是，即便她的聲譽比伊莉莎白好得多，她卻催眠自己要相信這是個好計畫，甚至深信不疑。伊莉莎白為了達成自己幻想的巨大成功，對艾敘麗威脅利誘，大力讚賞她的才華，同時嚴厲批評她的猶豫。伊莉莎白同時表示，這個計畫能否成功，決定了艾敘麗在這家公司的未來，因此艾敘麗必須跟她站在一邊。如果艾敘麗不這麼做，就是與她作對。「忠誠」是拴住盟友的重要拉力。

伊莉莎白是高衝突人士嗎？很有可能。她擁有感染力強大的強烈情緒，而且知道怎麼利用它來達到私利；任何人反對她，都會受到她的大力抨擊。這些都是她爭取盟友的主力，一般人很容易被這種人影響，支持他們並不真正認同的計畫或任務。發生在艾敘麗身上的故事，也可能發生在你身上。如果能知道高衝突人士如何操控盟友，很可能就可以避免被操控。

可憐的艾敘麗，出面說服公司高層支持自己也感到懷疑的計畫，還賭上她的專業聲譽，去說服時尚媒體相信這個策略。

這些盟友任由自己被高衝突人士操弄，替對方執行不光采的行動，最後傷了自己。高衝突人士往往擁有強大的情緒能量，他們的情緒感染力很難抗拒，了解這點可避免成為他們在職場上或任何方面的共犯。

如何引導自戀型主管做出正確決策？

自戀型高衝突人士往往用他們既權威又（表面上）正直的形象，引你上鉤。他們熱愛指責他人，喜歡把周遭的人分為「有價值」與「沒價值」。當你極擔心自己會不會得罪他們，就表示你上鉤了，你很可能成為他們的盟友。如果高衝突人士是你的老闆或上司，兩者關係就更微妙了，就如上述艾敘麗與伊莉莎白的案例。EAP顧問強力建議在這模糊地帶，更要掌握好自己的做事原則。

以下方法可幫助你避免成為共犯：

- 了解他們會尋找一個指責對象，像是另一位同事；你要避免落井下石，誤把對方妖魔化。

- 對他們提出其他方案，讓他們知道不同做法對他們反而比較有利。要記住，他們往往不在乎情況對別人的影響，只在乎對自己以及想討好的上司有何影響。因此，把你的溝通重點鎖定在對他們的好處與原因上。
- 保持極度尊重，千萬不要表現出挑戰他們權威的樣子，同時合情合理的解釋為什麼你不能做某些事，或是提出替代方案來降低他們的指示帶來的負面影響。你要讓他們覺得你的回應是從他們的利益著眼。

不反駁、不反對，但也不照單全收

艾瑞克被叫進主管的辦公室。主管泰德怒氣沖沖的表示，承包商的訂單再次延遲，真想「打斷對方的腿」。但艾瑞克跟承包商史蒂夫合作很多年，知道他是個誠實可靠，而且很有能力的人。

然而，泰德不想聽到任何關於延遲的藉口，並明確表示必須告知史蒂夫，他對此結果完全無法忍受。他還要艾瑞克把史蒂夫之後的訂單統統取消，並找能力更好的承包商代替。

艾瑞克對於公司外部供應商很熟悉，知道沒有其他公司有足夠資源或必要的專業來完成之後的專案，如果取消和史蒂夫的訂單會對公司帶來極大問題。

泰德：「我要你至少六個月不跟他合作，讓他感受口袋空空的痛苦。」

艾瑞克：「我知道訂單延遲讓人氣惱，史蒂夫已充分了解他帶給我們的麻煩。然而，我們必須一起擬備案來確保公司能持續取得原料，以避免這類情況再次發生。」

泰德：「為時已晚！我可不想獎勵差勁的表現。他已成為拒絕往來戶了！」

艾瑞克：「這確實是你的決定，你有充分的理由生氣與不滿。這些專案按我們的時間表來完成確實非常重要，但如果在此時更換供應商，我擔心情況會火上添油。其他跟我們合作過的供應商，都只負責小型任務，不確定他們是否有能力扛起大型專案。我可以做些研究，了解他們的實力，但這得花點時間。」

泰德：「我實在很生氣，我們本來不會有這些麻煩事。」

艾瑞克：「我百分之百同意！何不讓我去做些研究，我再把頭兩個選項的數據帶給你。你可以從中選擇，下一季給他們一些中型專案，看他們是否能勝任。在這期間，我們還是讓史蒂夫完成未來幾個專案。我會告訴他，你對他的表現很不滿，所以我們會把一些任務給新承包商來完成做為測試。這訊息非常清楚，應該會讓史蒂夫把皮繃緊。如果新的承包商表現良好，就可以把你覺得適合的專案拆分給他們；如果他們做不好，我們也不會讓所有專案陷入危險。你很睿智，想出讓不只一家承包商了解我們的運作並承攬專案。」

泰德：「只要能讓史蒂夫清楚知道我的不滿，我們就這麼做吧。」

艾瑞克：「太好了！我會著手去做，並跟你回報最新進度。」

在這案例中，艾瑞克沒有浪費時間來幫史蒂夫辯護，反而提到應該設計一個備案，確保公司能順利取得足夠原料無虞，但一開始這未能讓泰德滿意。然而，艾瑞克知道，如果依照泰德情緒化的指示做事（成為主管的盟友），反而會對公司帶來大災難。

他充分展現同理心、關心與尊重，和泰德架起溝通橋梁（「這確實是你的決定，你有充分的理由生氣與不滿」），幫助泰德分析選項，提出方案讓他了解哪個選項才最符合自己的利益。

艾瑞克也設定界限，給予史蒂夫嚴正聲明，讓他知道公司已在尋找其他供應商，但也保障他近期的專案，只給新供應商試行的任務。這個解決方案讓主管泰德能顯示權威並表現他的不滿，但對公司不會造成重大傷害。艾瑞克既維護了他與史蒂夫的工作關係，也確保未來生產排程能夠依目標完成。

在企業日常決策中，這類案例幾乎每天都在發生。自戀型高衝突人士有許多優點讓他們得以晉升高位，但他們也有濫用權力進行報復的傾向。如想要成功與他們互動並避免成為共犯，你必須清楚點出怎麼做才符合他們的利益，並且擬定替代方案，藉此盡可能降低他們錯誤指示帶來的負面後果。

如何不隨邊緣型同事的情緒起舞？

邊緣型高衝突人士常用強烈情緒與受害者的姿態，引誘易受操控的人上鉤。

他們常利用一個危急狀況來激起盟友的同情心，進而來搭救或幫助他們。他們的思考大多非黑即白，只會從自己的觀點看事情，而且很快就斷言誰是好人、誰是壞人。他們極度擔心被拋棄，會憑直覺監視自己與他人的密切關係與距離。他們對任何事的反應常是激動、亢奮，周邊的人往往因這些戲劇化表現而上鉤。

以下是避免成為共犯的一些方法：

- 在行動前，取得所有資訊並加以核實。
- 採取EAR溝通法，尤其是同理心，但要小心不要讓對方以為你認同他的抱怨內容，只要跟他架起溝通橋梁即可。
- 提供周全的選項，以及有中間地帶的觀點，而不是「非黑即白」。
- 問自己：「我是否被操控了？」「他的說法是否充滿情緒化？」
- 在你給予同理心的回應時，也對自己的涉入設定界限。

為對方著想，但不掉入思考陷阱

艾倫：「我們必須向人資申訴，上司藍迪沒有權力改動我們的班表。他完全是厚此薄彼，我們絕對要禁止他這麼做。你一定要提出申訴。」

瑪麗：「我知道這件事讓你很生氣。你一向都把生活安排得有條有理，他的做法一定造成你很大的困擾。我完全明白為什麼你覺得無法忍受。」

艾倫：「所以，你會跟我一起去人資那邊提出申訴吧？」

瑪麗：「不。我認為藍迪很早就通知大家這件事，還讓我們去接受為期一週的交叉培訓。如果你剛好有幾天沒辦法參加，我相信藍迪會願意幫你調換培訓時間。」

艾倫：「但他沒有權力用這愚蠢的方式，把我們的生活搞得一團亂啊。」

瑪麗：「當他在三個月前告訴我們時，他解釋為什麼管理高層想要這麼做。我知道你不認為交叉訓練很重要，但身為我們的上司，他確實有權力要求我們這麼做。」

艾倫：「為什麼你要幫他說話？你不覺得他是在玩弄辦公室政治嗎？」

瑪麗：「我確實認為過去他有涉入辦公室政治，但在這件事上，他的做法很合理。我了解這個安排讓你很難接受，我建議你在找人資之前，先跟他談一談。相信這樣你能得到比較好的結果。」

艾倫：「我認為人資會叫他讓步。」

瑪麗：「我很在乎你，艾倫，也希望你好好思考我剛才說的話。我不會去人資那邊申訴。我確實明白你很難接受這項安排。自己保重，我得回座位上工作了。中午見。」

在這個案例，瑪麗堅守立場並對艾倫設下界限，但同時以同理心架起溝通橋梁。她也提出新的選擇，在找人資前先去和主管談一談，並且幫艾倫分析情勢。艾倫藉著提到藍迪玩弄辦公室政治，試著想讓瑪麗跟自己站在一邊。瑪麗認同她的說法，但沒有掉入艾倫「非黑即白」的思考陷阱。請留意，瑪麗還跟艾倫約了再次見面的時間（午餐）。這麼做可降低艾倫面對瑪麗設定界限時，產生的「被拋棄感」。

如何不被反社會型人格騙得團團轉？

反社會型高衝突人士善用謊言與欺瞞，騙人上鉤。在他們迷人風采與溫暖友情的糖衣下，包裹的是滿滿的欺騙與操弄。有些人會顯露出反社會人格的特點。他們很少展現同情與憐憫，做任何決策都冷酷無情。擁有反社會人格障礙特質的人，是最危險的一種人。

以下是避免成為共犯的幾個方法：

- 如果你懷疑自己被操弄，或是別人提醒你被操弄了，請務必嚴肅以待。
- 向外求助，如EAP顧問，請他們協助你擺脫現況。
- 小心留意不要被陷害，反社會型高衝突人士有時會陷害周遭的人（像是讓他們從事非法行為，如偷竊），藉此促使他們成為共犯。因為這樣就能確保對方合作並保持沉默。
- 相信你的直覺，當你感覺受到操控，對方要你幫忙的事已踰越道德，你必須挺身而出。許多這類高衝突人士的盟友發現自己是共犯時，往往已涉入太深。他們往往在事後才發現自己被霸凌或被騙入歧途，即使一開始他們就直覺到別這麼做。請務必正視你的直覺，對可疑的事主動查證。

最後，請記得在分析反社會型高衝突人士對你說的話時，試著用其他方式詮釋。他們的故事往往極具說服力，乍聽之下，他們的說法似乎前後一致，感覺很有道理，但若你把情況拆解開來，檢視並質疑每個細節，就會發現故事的漏洞。保持警戒、注意細節非常重要。

如何不被偏執型人格的多疑所傷？

偏執型高衝突人士常用恐懼與懷疑，引誘易受操控者上鉤。他們會在沒有任何證據下，懷疑別人利用或欺騙他們，這些人對別人缺乏信任，同時害怕遭到背叛。雖然如此，你還是能與他們共事，然而有些嚴重到有人格障礙的人則極為難纏。根據《精神疾病診斷與統計手冊》，偏執型（與其他類型）人格障礙的人心中常懷怨恨，總認為別人善意的言詞裡隱藏了惡意，對夥伴的忠誠充滿不合理的懷疑，從不願意信任他人。此外，偏執型高衝突人士常認為自己的名聲與信譽受到攻擊，但別人可能根本沒感覺。

以下方法可幫助你避免成為高衝突人士的共犯：

- 如果與你共事的人，在許多方面都展現高度不信任與懷疑，總是覺得別人要害他，讓你覺得很不自在，就可考慮尋求他人或EAP顧問協助。
- 不要散布你並未核實的訊息，以免增加組織內與團隊裡的不信任與猜疑。
- 互動時展現平靜、實事求是的態度；給予安慰與支持時，記住不必對他說的內容表示認同。
- 在情況允許下，協助他們檢視手中選項，並選擇採取以事實為基礎的回應或解決方案。
- 指出是因應政策或流程的要求，必須執行或限制某些特定行為，並不是你個人要為難他。

- 有偏執型人格的人喜歡誇大恐懼，任何政策、工序與流程的訂定都要著重安全要素。
- 如果他們鎖定某個指責對象猛烈攻擊，不要低估這類情況潛在的負面影響，必要時請向人資部門或相關人士求助。

這個類型的人表現出來的特徵與危害程度差異很大。我們許多人都曾被上級「電」過，都有過向身邊的人抱怨管理階層，對他們感到不信任或有負面情緒的經驗；這些人在職場上，通常都不是嚴重的威脅。但處於行為光譜極端的高衝突人士或有人格障礙的人，卻可能造成嚴重的危險，因為他們會對某件事鑽牛角尖，或在特定事情上火上加油。對這些人，你必須要設防；你可利用公司的資源，或諮詢人資部門與EAP，請他們提供指引。

如何平靜看待戲劇型人格炫技？

戲劇型高衝突人士用他們營造的故事與緊急事件，引人上鉤。他們以強烈情緒與受害者姿態，讓你對他們的情況起共鳴。他們最大的問題就是情緒不受控制，在多種情況下都可能失控。這情形往往伴隨了強烈無助感，所以他們總是隨時隨地尋覓為他們奮戰的盟友。請務必小心！

以下是幾個避免成為他們盟友的方法：

- 不要太快回應，當你能不受他們戲劇化故事影響，能清楚分析情況後，再去回應他。你會感到強大壓力，覺得應該立即回覆，但請務必穩住，最好先把事情從頭到尾想清楚。
- 你可以幫助戲劇型高衝突人士判斷如何回應，但不要為他們做決定。他們就是想要你去解救他們，然後幫他們解決問題，你最好以平靜但支持的態度應對。

• 認清自己的情緒與情感。你是否為他們抱不平？是否想挺身而出幫他們解決問題？小心不要讓情緒影響你的行動。戲劇型高衝突人士就是要煽動你去行動。只要冷靜分析，你或許會發現一切都是個圈套，而且很可能對你不利。在仔細充分評估前，不要輕易為他人打任何一場仗。

如何讓迴避型人格採取行動？

迴避型人格可能促使衝突情況發生，儘管他們本身不是衝突的導火線，但因他們任由衝突在他們身邊發生，以致衝突愈演愈烈；尤其身為主管，卻不處理部門或部屬間的衝突時最常發生。他們常用自己的脆弱感、受害者姿態與猶豫不決，誘使易受操控者上鉤。

他們的盟友對他們通常有一種「共存感」，感覺自己一定要幫他們處理或解決問題，而且並非單一問題，而是他們遇到的所有問題。共生感衍生出一種行為模式，也就是這些盟友必須一再解救他們，替他們做決定。

以下是避免成為迴避型人格盟友的幾個方法：

- 留意自己的「共存」反應，如果需要可請人協助你穩住情緒，不要一再捲入救援任務中。
- 鼓勵他們採取行動，但不要你來代勞。
- 給予對方高度的同理心、關心與尊重，但小心不要過度認同他說的話。
- 幫助他們把問題拆解成容易處理的小問題，鼓勵他們分析問題的每個部分，並探尋解決方案。提供支持與指引，但讓他們自己解決問題。

高衝突人士是心理操控高手

我們曾在一家頂尖精神科醫院工作，常接觸罹患人格障礙的病患，我們發現有些病患才轉來幾天，診所職員們就開始鬧不合，我們變得「分崩離析」。因為高衝突人士把一些職員歸類為「大好人」，其他則被列為「大壞人」，而我們竟然就這樣被洗腦了。

有位邊緣型高衝突人士成功拉攏了一位職員來宣揚他的想法，使得院內衝突不斷升高，甚至往外擴散。即使醫生已警告職員此人確診有人格障礙，職員們還是不由自主的被高衝突人士操弄。後來辦公室分裂成兩邊，一方職員成為有人格障礙者的盟友（他們會主張應該要溫和的對待病患，採取完全支持的策略），另一方則是對這些盟友的主張大感光火，極力強調病患應該被鞭策、被挑戰，而非被「寵溺」。最後職員們對彼此充滿憤怒，甚至口出惡言，直到我們發現自己的情緒被病患挑撥，才決定聯合起來整合對病患的治療，從支持與鞭策雙管齊下來改善病患行為。

團隊裡如果有個高衝突人士，這種情況就可能發生。原本應該合作的團隊卻輕易的被分裂，直到人們意識到被高衝突人士非黑即白的想法影響，才又重新團結起來，反制高衝突人士的挑撥。CARS模式就是設計來處理這個狀況：用EAR溝通法讓對方感受到支持，但同時鞭策他分析選項，回應他們的錯誤資訊，並對不當行為設定界限。

但有個重點值得注意，並不是所有的高衝突人士都想要或渴望操控別人。高衝突人士也不是只會引發問題與造成困難，而沒有任何優點。他們只是需要能夠導正他們行為的盟友，像是ＥＡＰ專家、人資專家，或外部專家如顧問、律師與其他資源。

如果你想成為導正他們行為的盟友，最好把以下幾個原則謹記在心：

- 避免預設立場，先做調查研究，取得外部資訊。
- 避免為對方的行為或問題負責。
- 幫助他們解決問題，但不要做得比他們還多。
- 不要認為自己能改變或「解救」他們。
- 對他們說明公司政策，以及不當行為會招致的後果。
- 讓他們體會「自食惡果」，不要從中搭救。
- 把他們轉介給可以專業方式協助他們的專家。

此外，處於高衝突光譜最極端的人格障礙者，他們的行為模式不僅難以改變，而且廣泛顯現在所有私人與社交場合。這個持久的行為模式不僅造成他們極大的痛苦，也損害了他在社交、職場與其他領域的發展。

當高衝突人士嚴重到有人格障礙，會讓職場問題極難管理。謹記不要被高衝突人士或他的負面盟友迷惑。善用CARS方法管理衝突與人際關係，可以幫你搞定或至少安撫問題重重的高衝突人士，不讓你被他們牽著鼻子走。

在人生的困難時刻，最需要的解危智慧

衝突無所不在，只要你需要與人接觸，就可能會用上這些心理技巧，幫你度過工作與生活中那些困難時刻。

對於一般人來說，最難的應該是辨識對方是否為高衝突人士。當看到別人陷入危難，我們往往會很本能的伸出援手。但面對高衝突人士，我們必須小心不要幫過頭反而害了自己，或是幫錯方向。

藉著對本章所述的跡象保持警覺，你可以避免成為高衝突人士的共犯。一

旦你發現高衝突人士試著拉攏你，或把你捲入戲劇化事件，請依情況調整回應。CARS法賦予你應對高衝突人士的工具，也能讓你避免被他們操弄。

你也可以用CARS法應對他們的盟友，重點之一就是對你想做與不想做的事設定界限。少了這些共犯幫腔，散播不滿或誇大劇情，高衝突人士對工作場合的傷害就會大大降低。

14

一流主管都懂的溝通協商術

今日職場充滿各式各樣的挑戰，不適應就難以存活，但應對改變是必要、卻艱難的過程。在必須改變的壓力下，即使是平常人也可能表現出高衝突人士的行為，更別提有嚴重人格障礙的高衝突人士了。無論在什麼情況、遇上哪種人，你都可以採用CARS四大技巧來駕馭、開創新局。

改變的第一步就是捨得，尤其是那些熟悉的常規、任務與工作，甚至工作地點、排程與同事，也可能完全不同。個人或整個團隊都必須走出熟悉的舒適圈，而這些改變都會帶來壓力。高衝突人士特別難適應這些改變過程。

一般人大都會試著接受改變的過程，至少會努力適應新情勢，以重建新的舒適圈。就算覺得難以接受這些改變，也會分析自己的選項，並從中選擇最有利的去做。然而，高衝突人士卻常常陷入無法改變的困境。為什麼呢？

請想像三個同心圓，最裡面是舒適圈。我們在自己的舒適圈裡游刃有餘，這裡有熟悉的儀式與常規，我們在此感到自信又安全；但也有些人因逐漸感到無聊而開始尋求新的挑戰與機會。無論如何，這是最舒適安全的工作空間。

最外圈則是成就圈。這一區充滿刺激、挑戰，大多數人在此得到巨大成就感，儘管有時讓人傷透腦筋，但總是精采有趣。在此，我們常會感嘆：「哇！原來我做得到。」

要到達成就圈的唯一方式，必須穿過中間那一層，也就是轉型期。這是個很嚇人的地方，我們在此缺乏自信，也還沒有建立可供沿用過去經驗的儀式與常規，一切都令人感到不安。

高衝突人士的問題在於，常把各種情況個人化，並抗拒必要的改變。他們在第一步（捨棄熟悉環境）就卡住了。他們有的人可能終其一生都充滿恐懼與不安，改變就像把他們身處的地基抽走一樣可怕。

改變過程讓許多高衝突人士感到痛苦萬分，甚至引發身體或心理疾病。在跨出舒適圈、進入轉型期時，常會出現一大堆醫療狀況或是病況加重。

對抗拒改變的人，給予建設性的強勢主導

在過去幾年的企業內訓與衝突管理研討會中，當我們請與會者提供形容轉型期的詞彙，得到的回覆有九九%都是負面的。在轉型期，恐懼是常見的元素，因為不確定自己是否能成功，於是經常感到焦慮與自我懷疑。但當人們開始嘗試調整、逐漸克服適應，就會有放鬆的感覺，並找回自信，往成就圈前進。

高衝突人士則往往在轉型期就卡住了。當恐懼與緊張被挑起，防禦性的右腦就會掌控全局，問題解決與理性分析的能力頓時消失無蹤，你會發現這些人做事變得很沒有條理，而且愈來愈難有理想表現。尤其在組織艱困時刻，當主管或上司想要推行較複雜的組織改變時，這種情況更常發生；他們不僅無法成為助力，反而成了阻力。

面對複雜的工作專案，一般人自然會將焦點放在完成工作必須執行的任務上，但高衝突人士通常不會，他們很本能的抗拒改變並責怪他人。高衝突人士需要更密切溝通，但大多數主管雖然知道跟員工做好溝通、提供最新的正確資訊很重要，然而他們經常在提供基本資訊之後，就不再進一步溝通了。

對高衝突型員工，主管必須花費更多時間與心力去進行溝通。因為高衝突人士的被拋棄感、自卑感、偏執感、被宰制或被忽略感，在進入轉型期時會瞬間升高，當這些潛意識中的恐懼冒出來，他們會感受到「危機」，於是腦子就會被高衝突思考占據。他們常因人格特質衍生的「失真感」而誤判危險情勢，他們誇大這些恐懼，並當成是足以危及生命的威脅，因此他們認為自己必須以激進、毫不妥協的態度來對抗（攻擊性防禦的行為）。

採用CARS法，有助於你跟抗拒改變的高衝突人士溝通，以高度同理心、關心與尊重架起橋梁，安撫他們右腦的防禦系統，讓左腦的問題解決能力重新啟動，更可藉此幫助高衝突人士分析轉型後的角色（往前看），或協助他們考量或想像手上的選項。

可能有人會想，「有必要這麼麻煩嗎？不論他們怎麼想，改變勢在必行。」如果想要高衝突型員工充分配合，架起溝通橋梁就十分重要，這不只是為了他們好，對所有人都有益處，因為一旦有人被他們說服，或情緒被牽引，不僅變革無法推動，甚至可能引發組織危機。對高衝突人士來說，恐懼格外真實，他們會渲染得比實際情形嚴重許多，而恐懼感很容易蔓延開來。

為了避免謠言散布，身為主管，你有必要矯正錯誤資訊（利用前面提過的BIFF回應），並快速提供正確資訊；增加小組會議或快速磋商（站著開的簡短會議），展現你對員工憂慮議題的在乎與關切。另一方面，你也要定期私下會見高衝突型員工，協助他們適應改變。這些做法都不需要花很多時間，只需要你主動給予同理心、關心與尊重，緩解他們的被拋棄感，並能澄清錯誤訊息即可。

在面對職場挑戰時，個人通常需要做出決定，並選擇跑道。但被恐懼淹沒的高衝突人士，往往不會選擇對自己最有利的方案，因為他們看不清自己的選項；他們的所作所為並未符合自身最大利益，這聽起來讓人難以置信，但常常發生。當他們被恐懼吞噬，當然也不會做出符合組織利益的決定。要改善結果，主管需要把溝通重點先放在解除恐懼。

高衝突人士最終需要專業顧問協助他們度過困難的轉型期，但如果主管或上司知道如何運用CARS法，就可針對問題提供立即協助。

最後要提醒的是，主管也有自己的舒適圈。還記得我們對轉型期的描述？它是個充滿恐懼的地方，而人們的自然反應是避免學習或使用新方法。大多數經驗老到的管理人員在職場歷練多年，已發展出一套做事的風格與方法。他們也需要走出舒適圈，才能接受CARS等新方法；他們勢必也要歷經轉型期，才能自在嫻熟的運用這些技巧。

身為主管，你必須面對複雜挑戰，熟練CARS管理衝突，將可幫助你度過轉型期並練就許多在需要時用得上的創新工具，順利進入成就圈。

對害怕失去工作的人，友善讓你更有力

對在職場工作的人而言，壓力最大的時刻莫過於部門或組織重整，或公司結

束營運。在這些時刻，往往謠言滿天飛（而且總是負面的），許多人被迫離開舒適圈，對不確定的未來，感到焦慮又憤怒。

許多年前，蒂斯達夫諾曾幫助一家大型組織度過歇業的最後階段。這個單位的功能，被東岸分部完全取代。管理團隊很努力想出一套周全的歇業計畫。對那些待到最後的員工，該單位提供十八個月的資遣費與退職金。

身為EAP顧問，蒂斯達夫諾的任務是幫助員工理性決定他們的下一步。她提供履歷撰寫、壓力管理、面試準備等課程，來舒緩這艱困的轉換過程。以下是蒂斯達夫諾的描述：

在這個階段，我印象最深刻的是人們不同的反應。有些人積極運用這些工具與我們提供的服務，並且和EAP顧問討論他們的選擇方案。但有些員工卻不願面對現實，他們把頭埋進沙裡，不去利用這些服務；也有些員工因為對未來感到極度不安而提前離職，哪家公司最先錄取他，未加思索就馬上過去上班。

最難應付的是高衝突人士。不確定的情況帶給他們巨大恐懼，他們很難基於現實衡量自己的選擇方案。問題的核心在於高衝突人士內心深刻的恐懼，擔憂被拋棄、害怕低人一等、怕被人利用、擔心被忽略或遭排擠、害怕失去權力，他們擔憂做錯決定，於是進退維谷。

這些高衝突人士會展現極端的情緒、想法與行為，所以不難辨識。舉例來說，他們會呈現非黑即白的思考模式，在缺乏事實資訊下遽下結論。他們往往把管理團隊簡單分成「好人」與「壞人」兩種。

在幾次溝通不成之後，我們發現這些人很顯然經常需要額外關切。他們被自己設想的恐懼與可能的最糟狀況吞噬，幾乎無法以實際的角度分析手中選項。在我們帶領他們有效分析選項前，他們需要大量的關心與支持。我們也花了許多時間澄清錯誤資訊。一旦冷靜下來適應職場現實，他們的思考就能變得較有彈性，也比較能控制自己的情緒與行為。

我們從這次經驗學到重要一課，雖然我直覺上想把輔導重心放在為數眾多（占八〇至九〇％）的一般員工身上，但高衝突人士確實需要更多支持與輔導，才能順利度過這個改變過程。

如前所述，各種形式的改變對高衝突人士而言，都可能是種折磨。公司重組尤其讓人感到高度壓力與困惑，因為它讓公司看似相似，實則不同，讓人格外不知道如何行動。

同事海德在職涯中壓力最大的任務，是為一所醫院的飲食失調治療計畫，設計並執行組織重組。幾年前她接下領導工作時，承繼了原本的組織架構，當時，她就發現原本的組織架構不夠有效率，但因為當時景氣很好，所以沒有馬上著手處理。

隨著景氣低迷，大蕭條時期來臨，她負責的計畫因病患人數驟減受到嚴重打擊。分析過後，她知道現實已無法迴避。如果她不對組織架構進行大幅調整，這個計畫就會被迫終止。海德表示：「大幅改變帶來巨大的痛苦。」她決定管理與行政人員保留全職，但基於經濟與務實因素考慮，社區外展人員須改為兼職。

在密集諮詢人資部門與外部法律顧問後，她開始執行為期約十八週的重組計畫。她從過去經驗知道，溝通與定期更新狀況的重要。她盡力保持資訊流通。但有個問題很快就浮現，有幾個外展人員是酗酒家庭中成長的孩子。成癮研究專家布萊克（Claudia Black）在她的著作《這絕不會發生在我身上》（*It Can Never Happen to Me*）中指出，生長在酗酒家庭的孩子行為往往依循三個異常的規則：不討論、不信任、不去感覺。

當重整工作開始推展，有幾個人員開始表現出高衝突人士的行為。他們害怕改變、怕被拋棄。他們認為情況是針對自己，即便所有同類型工作的人都受到影響。他們不信任公司流程，也不願談論自己的感受。當海德與他們見面，想要協助他們分析可行方案，或提供公司的EAP服務與支援，他們常消極以對：「你如此聰明，又了解公司體制如何運作，你一定能找出方法維持現狀。」

最後，她終於完成整個重組流程。有些人離開，有些人留任但減少工時，也有新的兼職人員加入。最重要的是，這個計畫得以存活下來，不用吹熄燈號。

但此經驗讓海德了解到：如果壓力太大或碰觸到自己最關心在意的議題，一般人也可能表現得有如高衝突人士。身為主管，你有必要跟員工密切溝通，以同理心、關心與尊重架起橋梁，才能協助他們分析選項、決定行動方案。

這個經驗也讓海德學到一件事，如果你必須負責一項艱難的重組案或歇業程序，必須要好好照顧自己。你也會害怕跨出舒適圈，甚至發現自己也開始「癡心妄想」，你會想把頭埋進沙子裡，以為事情終將好轉。當組織愈小，人們彼此關係愈密切，重組的痛苦就愈劇烈。不幸的是，沒有人會說：「謝謝你縮短了我的工時、你的執行做法真是體貼！」

有時，人就是得做非常艱難痛苦的決定。唯有當事過境遷，或許那些被迫改變的人會記得身為主管的你，是如何對待自己，而組織也從這個過程中受益。

人資主管常要訓練主管，在必要時開除表現不佳的員工。愛蜜莉就曾和一位偶爾顯露高衝突特質的主管貝瑞交手。

很顯然，貝瑞在完成解雇員工必經的辛苦流程後，他的同情心已所剩無幾。他冷酷的態度可用這句話貼切形容：「不要讓門擋住你的去路！」

愛蜜莉與這位主管見面討論他的態度問題。雖然她完全了解他的挫折感，但他必須改變自己的做事方式。她教導貝瑞用ＥＡＲ溝通法展現同理心，並且指出如果他是假裝關懷或在乎，並不會有太大幫助，大多數人遠遠就能感受到對方是否真誠，而高衝突人士的雷達似乎特別敏銳。

愛蜜莉強調，想要妥善處理解雇並減少職場暴力的發生，必須掌握解雇期間與之後的黃金時間。值得讚賞的是，這位主管了解職場安全的重要，以及周全妥當的解雇流程可如何降低職場意外的發生。

貝瑞認為自己的優點在於協調員工的離職事宜。他把重點放在實際事項上，像是以尊重、不張揚的方式協助員工收拾私人物品。他確認對方目前的地址，以確保他們日後能馬上收到公司寄過去的信件。他用專案來檢視員工的狀態，持續監控確保任務不中斷，並感謝員工配合完成這個過程。他發現自己可以說得出：「我知道這對你而言是個困難的過程，祝福你未來諸事順利。」

貝瑞的做法雖然改變並不明顯，但效果卓著。他的行為充滿同理心，增進了職場安全，也讓解雇流程更有人性。

關鍵一分鐘，搭起溝通橋梁

除以同理心、關心與尊重，可有效與高衝突人士架起溝通橋梁外，有幾個重要工具也非常值得主管參考。布蘭查（Ken Blanchard）在他備受推崇的著作《一分鐘經理人》中，提出「一分鐘獎勵、一分鐘申誡、一分鐘目標設定」的方法。由於高衝突人士面對負面回饋往往心生排斥，如果你必須提出資料檢討過去，利用簡單的一分鐘申誡就能達成目的。之後，再以著眼未來的促進技巧追蹤進展。

一分鐘目標設定是極佳的促進技巧，把焦點集中在本質明確、能客觀衡量的未來行為與績效。你可以請高衝突人士一起討論目標：「好的，在這個目標上，你打算如何衡量成功？」

想要持續與高衝突人士保持聯繫，並提供他們渴望的關心與尊重，一個絕佳的方式是為目標達成設立一段檢核時間。如果他們對某個任務有問題，你可以表現同理心，並及早把問題解決。

透過一分鐘獎勵，給予對方關心與尊重，同時帶來你希望持續出現的行為與結果。我們認為，具體的獎勵有助於讓對方靈活思考、節制行為，並管理情緒。

布蘭查是當今領導與管理領域的先驅之一。他提出的一分鐘技巧，被成功應用在全球各地的大小企業，成功主因在於他的技巧之一是前瞻思考（目標設定），另一是提供關心與尊重（獎勵），最後一項（申誡）則是把批評降到最低。

在架起溝通橋梁階段，有三個議題很重要，首先要展現坦率真誠。多年前，我們在一家精神科醫院工作，有位同事被指派輔導一位猥褻兒童犯，她說道：

我記得當時自己非常不安，因為內心極為瞧不起對方的所作所為。我不認為自己能幫上忙，並與上司討論了這個問題。她建議，和對方談談過去，尋找你能發揮同理心的地方，有時你真誠的理解就能影響他。我很快發現，他小時候曾被猥褻，並經歷過極為嚴酷的事情。在輔導期間，我以他的童年階段跟他架起橋梁，展現了同理心。這讓我能以真誠、有意義的方式和他溝通互動。

第二個重要議題是：不必認同對方的抱怨，而要對他這個「人」展現同理心、關心與尊重。EAR溝通法能幫你把重點放在你與高衝突人士之間的關係。然而，要特別提及的是，在大多數的關係裡，我們會累積善意（存入善意銀行），偶爾也會提取善意。我們希望以自己的「季賽平均表現」（想想棒球賽）被衡量，但願我們也能以別人的季賽平均表現來衡量對方。

不幸的是，高衝突人士不會這麼思考，尤其當他們處於錯估情勢階段時更是如此。他們往往無法理性推斷，一個過去對他好的人，基於兩者的關係，未來應該也會對他不錯。

對高衝突人士而言，每天都在上演「今天暫時停止」（*Groundhog Day*）的劇情。你可能與高衝突人士認識多年，覺得彼此互惠且尊重，但若對方正經歷錯估情勢階段，請不要對過去關係的投資有太多期待。在高衝突人士冷靜下來、啟動左腦解決問題之前，他可能會對待你像個陌生人，有如你們從未認識過一般。

最後需謹記的是：用高科技工具跟高衝突人士溝通，往往效果不彰。你的臉部表情、說話語調與肢體語言，比簡訊或電子郵件，更能傳達同理心、尊重與關心。私下簡短的面對面溝通，對影響高衝突人士不可或缺。

針對員工的表現，該怎麼提出意見回饋？

年度員工績效考核是現代企業管理的基石，我們通常用這個機制來決定薪資調幅或晉升依據，並以此傳達對員工績效的滿意度。

理論上來說，評估過程應該來自與員工的持續對話，最後把結果寫在評估報告上。不幸的是，在許多工作場合，員工常抱怨他們對結果感到意外，不知道為什麼自己的績效低於標準。

經理人往往不想涉入可能發生衝突的對話，所以高衝突人士更常遇到上述這種意外狀況，因為長期缺乏溝通讓他們對實際狀況產生錯誤認知。當經理人最後終於坐下來跟他們檢討績效，他們對任何有關過去表現的評論都充滿防禦心態，致使對話無效。不論得到什麼評論，高衝突人士都會陷入防衛心態的牢籠，讓情況無法改善，甚至更加惡化。

對經理人而言，很重要的管理要點是，必須為高衝突人士提供定期的溝通機會，而且焦點放在未來，一起描繪你想要達到的結果，而非那些導致你不想要結果的因素。在要求他們執行方案之前，先跟他們一起分析選項，並詢問：「你對這個提案有什麼提議？」

這對創造你想要的結果、減少跟員工起衝突及誤解，大有助益。此外，主動而非被動的設定界限，對於達到成功結果也有高度幫助。

這不代表在工作完成後，你不用提供實際評估。只是在經過一路定期的互動與調整，員工對結果的預期，應當就不會跟你相差太多。布蘭查的「一分鐘申誡、一分鐘目標設定與一分鐘讚美」，在員工身上通常很有效，因為沒有喋喋不休的批評，而是把對話聚焦在目標、未來、支持與讚美。

在高衝突人士身上定期運用CARS四技巧，也是「一分鐘方法」的體現。以同理心、關心、尊重，定期分析選擇方案，創造並執行提案及設定界限，都能讓高衝突人士步上正軌，大幅減少他們的擾亂。

又到了年度員工績效考核時間，擔任高科技公司主管的吉姆，請史考特過來面談。史考特負責大型客戶的資訊科技與程式需求，工作表現大部分都令人滿意，但吉姆認為他在找出並解決客戶問題上不夠積極；客戶也表示，史考特雖然工作品質一流，但很難找到他，有問題時經常找不到他，或是過了很久才回電，顯然沒有急切的為他們解決問題。

吉姆：「史考特，如你所見，我們對你大部分的表現都十分滿意。」

史考特：「但在我看來，我的分數並不是很好。」

吉姆：「你是我們非常重視的員工，在許多方面的表現都十分傑出。我們印象最深刻的是，你總是能跟上最新科技，這對我們提升服務有極大影響。」

史考特：「我只是盡我的本分。」

吉姆：「我完全同意，在未來一季，我們應該把焦點放在提升顧客服務。」

史考特：「卡特集團總是有很多要求，簡直多得過分，他們從不滿足，總是期待我隨時待命、事事代勞。」

吉姆：「這一定讓你很懊惱。」

史考特：「一點也沒錯。如果我沒有馬上回應，他們就開始歇斯底里。」

吉姆：「我想你對他們的運作必然非常重要。一想到你沒空過去處理，一定很緊張運作會失控。」

史考特：「我已撥出許多時間給他們，而且總是幫他們將問題處理好！」

吉姆：「所以，你的意思是，問題出於雙方的認知差異。史考特，你能想出一個方法來解決他們的焦慮嗎？」

史考特：「如果這對你而言很重要。我想我可以在上班時間攜帶一支手機專為他們服務，這樣我一接到他們的電話或留言，就可以約時間去處理。」

吉姆：「這個主意很棒！這麼做能降低他們的焦慮並增加他們的信心。如你所說，癥結並非你解決不了他們的問題。我會在本週結束前，安排一支手機給你。你能不能今天打電話給卡特集團的史密斯，跟他說我們為他們提供新服務專線嗎？方便他日後連絡你，並在最短時間內解除他們的問題。」

史考特：「沒問題。」

吉姆：「我們一個月後可再討論這個解決方案是否奏效，以及卡特集團是否認為我們的顧客服務有改善。在此期間，請幫我留意是否有其他問題。」

史考特：「沒問題。」

在這個案例中，雖是討論績效問題，但吉姆把焦點放在未來，跟史考特一起找出解決之道。吉姆應該已從卡特集團那兒接到不少抱怨。卡特集團是重要客戶，吉姆可能已仔細研究過他們的抱怨。若直接說明，可能會激起史考特的防衛心態，這場討論反倒不能解決問題。

藉由把討論重點放在未來，並對史考特展現同理心，吉姆得以讓史考特自己提出可行的解決方案，並承諾切實執行。吉姆也清楚列出開始新做法的時間點，以及更重要的，評估改善成果的時間。他請史考特留意任何可能讓顧客服務複雜化的問題。這顯示對史考特的尊重，也讓解決問題的責任回在他身上。

現今組織內有高衝突人格的人愈來愈多，組織在應對高衝突人士上常常面臨諸多挑戰，最好能有系統的學習應對方法，並設定相關的處理政策。

在高壓時刻，高衝突人士很容易不堪重負，表現出更加極端的行為。在此時期，即使是一般員工或主管都可能表現得像高衝突人士。藉由CARS方法，可以幫助大多數高衝突人士與憤怒的員工冷靜下來，並重拾生產力。

15

把自己照顧好，跟任何人都合得來

你是不是壓力一來，理智就斷線？忙得分身乏術，卻缺乏生產力？把原本該做的事，統統丟到一邊？

「我實在太忙，沒時間運動。」

「我手上有十幾個代辦事項，不能跟你去吃午餐。」

「我現在完全沒辦法離開工作去度假。」

這樣的例子屢見不鮮，當壓力太大，我們的思考能力就跟著降低，難以用客觀、健康、長期的觀點來檢視自己的處境，更何況是遇到高衝突人士的挑釁。當**遇上高壓或自己最在意的議題，就算是一般人也可能表現得像個高衝突人士。**現代人的壓力與衝突無所不在，我們都應該學習一個簡單法則：當壓力來襲，我們更要好好照顧自己。

把自己照顧好，你跟任何人都能合得來，包括管好自己的情緒。要保持清晰頭腦、清楚思考與做事效能，必須先照顧好自己。但根據調查，大部分組織的設計與管理方式，都讓現代人的工作倦怠問題更加嚴重。想想賽馬飼主從來不會過度操勞他珍貴的賽馬，總是仔細照顧這些珍貴動物，給予他們健康滋養的環境。但過去多年來，我們總是看到員工無法利用休息時間喘口氣，行政人員每天要工作十二到十四小時，主管經常在週末加班，上班族家長常無法準時下班和家人共享晚餐。

我們都曾經歷突發事件、必須接下突然冒出來的工作，當工作與生活長期不平衡，真正的問題就出現了。

與高衝突人士共事，特別讓人感到龐大壓力，而這樣的人，真的愈來愈多。當與人相處必須如履薄冰，過程常讓人筋疲力盡。遇上愛爭功諉過的同事、挑剔刻薄的主管，或毒舌又愛暴怒的上司，即使平時個性沉穩的人也會感到每天緊張不安。這些人為因素會打擊士氣，讓人失去動力、降低生產力，甚至導致憂鬱。

那些令人窒息的高壓相處

CARS四大心理技巧，可有效幫助你抑制與管理高衝突人士。但這一套關鍵技巧，必須配合自我照護的自覺與投入，管理好自己才能確保你的未來能夠一再成功。我們來看看以下兩則故事。

從改善一〇%做起

四十八歲的卡羅斯在聯邦政府一個大型部門的會計單位工作。他已結婚二十年，夫妻感情良好，育有兩名子女。

卡羅斯因工作環境的高度壓力，向當時身為企業內訓顧問的我們尋求援助。他知道每當自己要應付工作環境的壓力時，他的飲酒量就會大增。在經過幾次輔導課程之後，卡羅斯決定採用雙管齊下的方法：他發現自己因壓力而酗酒的問題已有十年之久，必須參與恢復療程才能完全戒酒；還有他需要適切的工具來管理工作環境帶給他的壓力。當我們跟他一起檢視選擇方案，他開始學習CARS法，包括採用EAR溝通法。執行雙重任務十分困難，卡羅斯知道自己至少要接受一年的輔導。

明知情況艱難，但卡羅斯擁有十足的改變動力。他和醫生預約看診時間，並依建議服用戒酒藥物，幫他度過戒酒的早期階段。他同意參加戒酒者家庭互助會，他的太太也參加了數次輔導課程，一起尋求支持與諮商。

一開始，他把心理輔導課程的重心放在恢復療程與諮商。他知道若不戒酒會丟了工作，所以先著重這部分。卡羅斯想要積極保持不喝酒的清醒狀態，但執行起來難度很高。雖然有兩次破戒（兩到三天），卡羅斯還是努力戒酒並積極參與戒酒者家庭互助會的活動。

之後，他決定把一半的課程用來解決工作相關的議題。卡羅斯才智出眾，有備受重視的優秀技能，但他常表現出負面態度，而且說話刻薄。他開的玩笑有時很傷人，甚至在某些場合因不當言論而招致麻煩。

卡羅斯也發現自己處於一個複雜狀態。他的直屬上司顯然有迴避型人格，他很難從上司得到明確的指示、確定的截止期限，以及完整的溝通。另一方面，部門總監是擁有明顯自戀特質的高衝突人士；他新上任不久，對這部門的歷史，以及不同政策與流程的演進並不熟悉。卡羅斯夾在中間，面對做事魯莽的總監，以及常常沒有正確傳達部門總監要求的直屬上司，時常覺得進退維谷。

卡羅斯在這部門工作已有十五年，他看到許多在私人企業工作的朋友，在大蕭條時期被裁員，特別珍惜現在工作的穩定。然而，當他發現自己被卡在苛求的高衝突型總監與迴避型上司之間，只感到壓力倍增。每週的輔導課程，提供他在一個安全環境宣洩情緒以及現實檢驗的機會。

他在接受治療期間學會CARS法。一開始，他覺得採用EAR溝通法非常困難，因為他對自戀狂總監非常反感，覺得對方藐視員工，未經協商就擅自更改政策，也不重視這個團隊的專業。卡羅斯覺得這個自戀狂總監，根本是在演獨角戲。

在輔導課程中，卡羅斯同意把最開始的目標放在「改善一〇%」，利用尊重總監職權的ＥＡＲ溝通法，改善他和總監之間的工作關係。數個月後，卡羅斯發現這位自戀型總監開始樂於參考他主動提供的有用資料。

總監還公開讚美卡羅斯寄給他這些資訊，希望卡羅斯繼續提供。幾個月過後，他們的關係有了明顯改善。

面對迴避型上司，則是另一類型的挑戰。當問題不大，還能輕易處理時，他的上司從不主動解決；有時會授權某人去處理，但很少即時行動。卡羅斯常常覺得自己被迫要去做上司的工作。在我們的幫助下，卡羅斯決定採用ＥＡＲ溝通法，並設定界限，藉此改善他們的關係（能夠改善一〇％就好）。他同時增加書面溝通，利用ＢＩＦＦ郵件糾正錯誤資訊，或重申截止期限。

卡羅斯持續採用「一〇％法則」的改善策略達八個月之久。在此期間，他也積極改善自己的健康。他減去四十多磅，外型達到多年來的顛峰。他把運動加入每天的例行事項。他買了一輛腳踏車，每週有好幾天下班後都是騎腳踏車回家。他遵循戒酒者家庭互助會主辦者的建議，每天吃四到六份小份量的健康餐與零食，藉以維持血糖穩定。他參與密集的戒酒療程，成果逐漸展現。他允許自己在疲累時休息或小睡片刻，也去上幾門證照課，為未來工作升遷做準備。

工作的情況逐漸改善，儘管離完美還有一段遙遠的距離，但卡羅斯感覺自己已準備好探尋其他選項。在輔導課程中，他用CARS法檢視了自己的選擇方案。他意識到自己希望能領到聯邦政府的退休金，這表示他還需要在政府任職至少五年多，所以短期內，私部門不會是他的選項。

最後，他終於找到一個能在部門中升遷的機會，這麼一來不僅能把他與高衝突型總監的接觸降到最低，也能完全脫離迴避型上司的管束。他申請了這個工作，並在輔導課程中對未來的面試做了練習。在第二次面試時，那位自戀型總監也是面試委員之一，卡羅斯之前為改善跟總監關係所做的努力，此時發揮了效果。那位總監不僅以肢體語言鼓勵他，也主動在面試時，讓卡羅斯有表現機會，使卡羅斯成功獲得升遷。

這個故事給你什麼啟發呢？卡羅斯在應付工作上的挑戰時，做了哪些事把自己照顧好呢？

- 加入輔導課程並認真投入，也充分了解輔導將是個漫長的過程。
- 意識到自己的酗酒原因，並下決心戒酒。
- 每週至少參加兩次戒酒家庭互助會，認真參與戒酒方案。
- 邀太太一起參加輔導課程，一有問題就能馬上討論與調整。
- 改變飲食習慣（不喝酒），每天吃四到六份少量餐點以維持血糖穩定。
- 在第一年的療程，他服用戒酒藥物，也在醫生指示下，服用數種維生素。
- 改變許多社交活動，週末不再上酒吧，改去咖啡館聽現場音樂。
- 學習新課程，為升遷做準備。
- 主動把運動列為例行事項，並買了腳踏車在下班後或週末騎。
- 允許自己每天有需要時，可小睡片刻，這麼做能讓他迅速恢復元氣。

壓力管理不是火箭般困難的科學，不過確實需要自覺與投入。光說不練沒有用，要實際去做才有效！

找個能分擔你工作的人

弗列德之前是個海軍軍官，來找我們諮商之前，從未參加過心理輔導課程，也未接受過談話治療。他非常用心參與我們為他設計的療程，並學習CARS法與憤怒管理技巧來應對公司裡難纏的老闆與下屬。

在輔導過程中，弗列德發現，原來他從未照顧好自己，於是下決心要徹底改變自己的生活。他一週工作六天，還經常把工作帶回家；他決定把工作日降低到合理的一週五天，並限制帶回家的工作量。他也決定好好去休假，以貫徹對自己的承諾。

為了啟動這些改變，弗列德發現他必須培養一名新主管來降低他的工作量，也能在他休假時代班。這看似簡單的解決方案，對弗列德而言，卻是個重大轉變。他一向自認可以獨自處理所有的事，更何況他不想分享手上的權力，擔心失去掌控權或被取代。現在，他必須克服這些想法。

在接受輔導的過程中，他了解到自己無法事事親力親為，如能授權讓其他人來幫忙，事情會更有效率。此外，他警覺到自己的焦慮、缺乏活力與負面思考是憂鬱的徵兆，因此去找醫生，接受治療。他很認真管理體重，也取得太太的支持，在清晨一起到戶外健走。

在工作方面，弗列德發現公司品管部門的工作量變得非常大，最好從日常工作中劃分出去，他堅信公司必須有此改變，因此積極說服老闆雇用專人來負責。公司後來聘請了一位品管專家，在短短六個月內，業務運作就上軌道。

弗列德也培養了一位新主管，並且分給他一大部分的工作，讓自己能夠一週只工作五天，兼顧工作與生活品質。

但公司兩位老闆之間的衝突，也是弗列德的一大壓力源。他學會以ＢＩＦＦ方法來釐清兩位老闆之間的錯誤與矛盾資訊，讓他們的指示更清楚明確，也更有方向。

此外，公司裡有個員工是老闆的好友，弗列德無法開除他，於是把他調去另一個無關緊要的職務，這樣這個人的無能就不會對公司造成重大影響。弗列德也讓他歸屬新主管，藉此大幅降低跟他的互動。

一年之後，弗列德感覺比過去幾年好多了。他維持每週的心理治療，以獲得持續的支持與諮詢。這位從不廢話的前海軍軍官，已徹底體認到談話治療帶來的好處。從這個故事，我們可看到弗列德採取以下幾個行動照護自己：

- 對問題持續尋求輔導諮詢。
- 訓練自己掌握管理憤怒的技巧。
- 學習CARS法，特別是EAR技巧與BIFF回應。
- 訓練新主管並充分授權，讓他能協助工作並在弗列德休假時代班。
- 促使老闆聘請品管專家執行品管流程，同時降低他的工作量。
- 請醫生評估自己的憂鬱狀況，並服用抗憂鬱藥物。
- 增加運動與家庭活動，並進行體重管理。

除了運動、藥物、維持正常工時、進行體重管理與憤怒管理等自我照護行動外，創造一個能分擔工作量的職務，以及促使公司聘請品管專家負責部分工作，也是弗列德管理與照護自我的行動方案。這些都不是難以完成的改變，最困難的部分或許是，弗列德必須扭轉他「必須事事親力親為」的想法。一旦弗列德了解這個想法的錯誤，就能做出對自己與組織都有益的正確決定。

解開現代人的焦慮、恐懼與愧疚

人格障礙已成為現代社會的重大問題，而且持續擴大中，每個人都可能受影響，在職場上尤其嚴重。你必須做好準備，並把自己照顧好。

美國精神醫學協會的一份大型研究報告指出：「美國將近一五%的成年人都有至少一種的人格障礙。」這表示他們的問題很難輕易改變，「他們在許多個人與社交場合的人際互動功能失調，導致自己與他人承受巨大壓力，也限制了他們在工作上的表現，以及在其他領域的發展。」其實，職場就是人際互動、社交與工作的總和。

一些有人格障礙或人格障礙部分特徵的人，成為職場的高衝突人士，他們只會指責他人，想法非黑即白，又無法控制情緒（在某些情況），而且行為極端。因為人格問題，他們缺乏自覺，也難以（有些人是無法）改變自己的行為。

你無法改變他們，但你能改變你們之間的關係，甚至讓他們成為高績效的職員或主管。改變你們互動的方式，就能帶來重大影響！

本書提供一個簡單的架構，用來分析職場高衝突人士的複雜問題，不論你是員工、主管、公司老闆，必須在職場與人互動的專業人士，或是協助他人應對衝突的EAP專員、人資主管、外部顧問、輔導員、諮商師，都能受益。

不論你是誰，在高度壓力下往往都很難思考，而高衝突人士感受到或幻想出來的壓力似乎特別大。我們為此設計了CARS法來管理高衝突人士。為了讓你善加運用它，我們也教導你三個基本原則：辨識、調整、傳達你的回應，稱為RAD法。首先，辨識對方是否為高衝突人士：

- 觀察他的行為模式：是否一心想著指責別人，想法非黑即白，行為極端，而且有時無法控制情緒？
- 他是否有人格障礙或部分人格障礙特徵，也就是說，他往往無法反省自己的行為問題，也沒辦法改變自己的行為？

不要跟對方說，你認為他有高衝突人格；你認知到有此可能就好。但你可以隨時隨地對任何人採用CARS法，來增進彼此的關係與溝通品質，不論對方是否為高衝突人士。記住。你不是醫師或心理師，所以不需要、也不應該試著診斷對方的心理問題。

調整你的做法，以下幾件事請你務必避開：

- 不要嘗試讓他們反省自己的行為，以及這些行為對你或他人的影響。最好想都別想！他們缺乏自覺，會因此激起防衛心態。這麼做只會引發權力鬥爭，對任何人都沒好處。
- 不要激起他們的情緒（他們無法有效控制情緒），也不要被他們挑起激動情緒。避免對他們發脾氣，保持冷靜。
- 不要試著改變他們，把重點放在你可以改變的部分，也就是你的回應。
- 不要把焦點放在他們過去的行為，把眼光放在未來。高衝突人士容易耽溺於抱怨他人過去的行為，以為自己的行為辯護。不要評論過去，要提出有利未來的建議！

利用CARS法，傳達你的回應，以下是執行做法，這四個技巧可在大多數時刻幫你搞定高衝突人士，因為它針對高衝突人士的四大關鍵問題加以處理：

- 用同理心、關心與尊重（EAR溝通法）架起橋梁。
- 分析選項（像是詢問關鍵問題或是提出方案）。
- 回應錯誤資訊（比方運用BIFF回應）。
- 對個人或組織的問題行為設定界限。

你不需要做到每一項，請把這些方法當做是輔助你看形勢、斷人心的工具；若有人總是讓你感到壓力很大、情緒很差，你對此感到束手無策，CARS的四個心理技巧正好可以幫助你。經驗告訴我們，這些方法往往能讓高衝突人士變得比較好相處（不管他是哪一類型的人），至少能減輕你的壓力。

當我們在蒐集資料並著手撰寫這本書時，發現今日職場面臨的問題，比起物質濫用問題，可以說是更為嚴重。現在我們身處的環境，就像三十年前人們對酒精中毒的態度，人們包容酗酒者或是只用講習來教育，但這麼做根本無法解決問題。我們希望自己善盡責任，提高大眾對高衝突人士的認知，並提供有效的應對方式。

現在，你已清楚了解高衝突人士引發的問題，懂得用更有效的方法來應對。有了本書的知識，你可以讓自己、高衝突人士，以及整個團隊運作得更好；你也更能看清那些在你周遭、沒意識到這些問題的人，如何因為無法有效應對衝突，以致情緒失控、情況變得更糟。我們已從許許多多採用這些技巧的人身上，得到大量正面的回饋，也贏得他們的同事與主管的敬重，你也可以！

國家圖書館出版品預行編目(CIP)資料

別等到被欺負了才懂這些事：第一時間就做好衝突管理 / 比爾．艾迪(Bill Eddy), 喬姬．蒂斯達夫諾(L. Georgi DiStefano)著；王怡棻譯. -- 第一版. -- 臺北市：遠見天下文化, 2018.03
面； 公分. -- (工作生活；WL058)
譯自：It's All Your Fault At Work : Managing Narcissists And Other High-Conflict People
ISBN 978-986-479-396-9(平裝)

1.衝突管理 2.人際關係 3.組織行為

494.2 107002512

工作生活 BWL058A

別等到被欺負了才懂這些事

第一時間就做好衝突管理

作者 — 比爾・艾迪（Bill Eddy）、喬姬・蒂斯達夫諾（L. Georgi DiStefano）
譯者 — 王怡棻

總編輯 — 吳佩穎
責任編輯 — 張奕芬
封面設計 — 三人制創

出版者 — 遠見天下文化出版股份有限公司
創辦人 — 高希均、王力行
遠見・天下文化 事業群榮譽董事長 — 高希均
遠見・天下文化 事業群董事長 — 王力行
天下文化社長 — 王力行
天下文化總經理 — 鄧瑋羚
國際事務開發部兼版權中心總監 — 潘欣
法律顧問 — 理律法律事務所陳長文律師
著作權顧問 — 魏啟翔律師
社址 — 台北市 104 松江路 93 巷 1 號 2 樓
讀者服務專線 —（02）2662-0012
傳　真 —（02）2662-0007；2662-0009
電子信箱 — cwpc@cwgv.com.tw
直接郵撥帳號 — 1326703-6 號　遠見天下文化出版股份有限公司

製版廠 — 東豪印刷事業有限公司
印刷廠 — 祥峰印刷事業有限公司
裝訂廠 — 台興印刷裝訂股份有限公司
登記證 — 局版台業字第 2517 號
總經銷 — 大和書報圖書股份有限公司　電話／(02)8990-2588
出版日期 — 2018 年 3 月 29 日第一版第 1 次印行
　　　　　 2024 年 5 月 20 日第二版第 1 次印行

原著書名：It's All Your Fault at Work!：Managing Narcissists and Other High-Conflict People

定價 — 400 元
條碼 — 4713510944653
英文 ISBN — 978-1936268665
書號 — BWL058A
天下文化官網 — bookzone.cwgv.com.tw

天下文化
BELIEVE IN READING